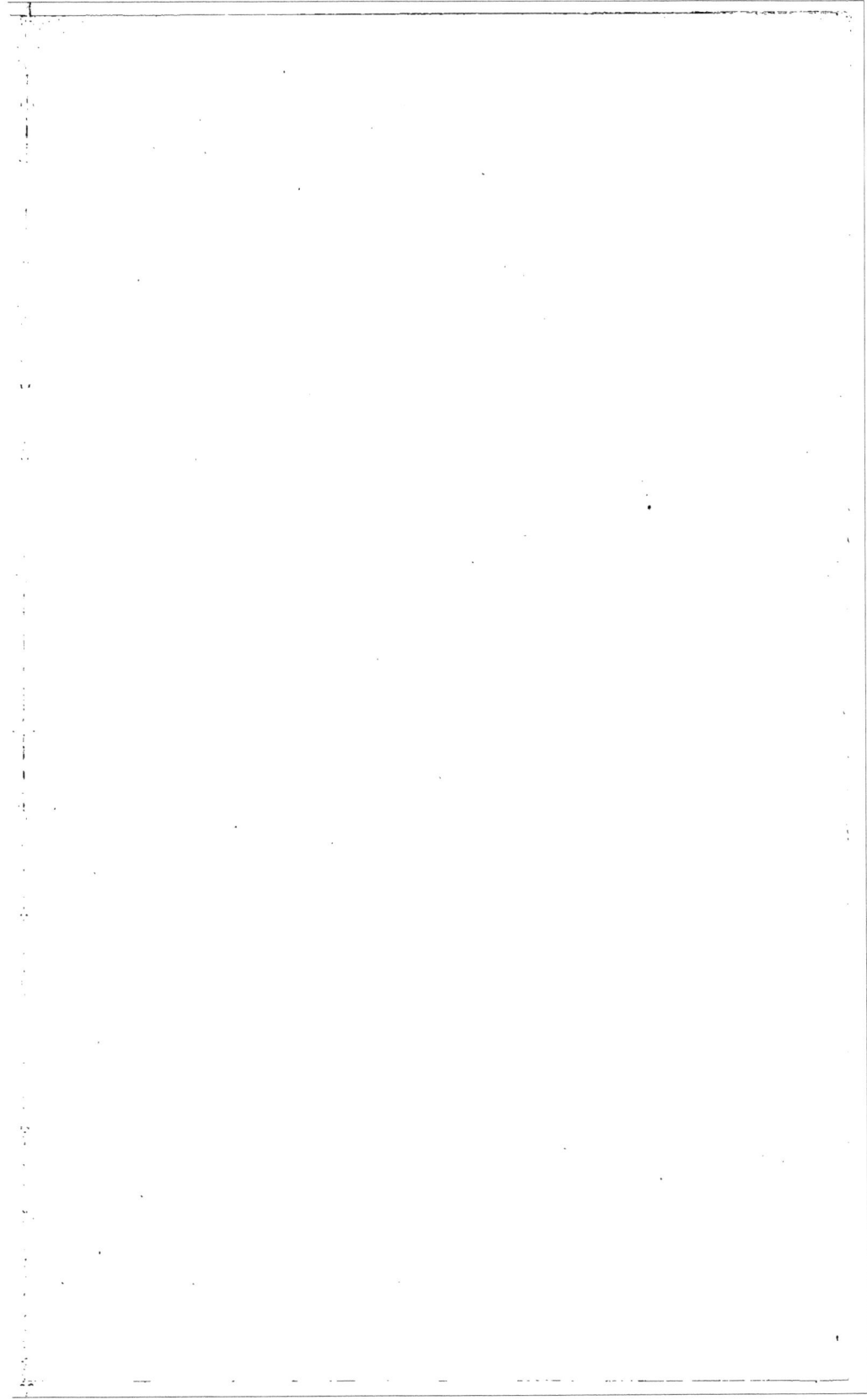

DE LA CULTURE

DES

BETTERAVES, RUTABAGAS,

CHOUX,

ET AUTRES PLANTES SARCLÉES,

PAR WILLIAM COBBETT,

MEMBRE DU PARLEMENT D'ANGLETERRE;

TRADUIT DE L'ANGLAIS

Par L. Valcourt,

ANCIEN MEMBRE CORRESPONDANT DU CONSEIL D'AGRICULTURE PRÈS LE MINISTÈRE;

AVEC SA PROPRE MANIÈRE DE CULTIVER
LES MÊMES PLANTES,

SUIVIE

De Divers Mémoires sur l'argile brûlée, les moutons mérinos en Angleterre,
le plâtre pour amendement, les os pour engrais.

———◦◦◦———

UNE PARTIE DE CES MÉMOIRES ONT ÉTÉ PUBLIÉS DANS LE CULTIVATEUR.

———◦◦◦———

PARIS,

IMPRIMERIE DE Mme HUZARD (née VALLAT LA CHAPELLE),
RUE DE L'ÉPERON, n° 7.

1834.

DE LA CULTURE

DES BETTERAVES, RUTABAGAS, CHOUX,

ET AUTRES PLANTES SARCLÉES.

William Cobbett, aujourd'hui membre du Parlement anglais, habitait Philadelphie en 1798, lorsque je résidais moi-même dans cette ville, et il publiait alors la célèbre gazette *le Porc-Épic*. De retour en France, j'ai vu dans le *Cultivateur américain* de Baltimore un extrait d'un mémoire qu'il avait rédigé sur la culture du *rutabaga*, culture à laquelle il s'est livré avec le plus grand succès, soit sur la ferme de Hyde-Park, aux environs de New-York, soit sur la ferme de Botley qu'il a fait valoir en Angleterre. Les principes d'agriculture de *William Cobbett*, étant généralement reconnus très bons, et ayant remarqué que sa méthode de cultiver les rutabagas avait beaucoup d'analogie avec celle que j'avais adoptée pour les betteraves, j'ai fait venir récemment de Londres l'ouvrage dont l'analyse avait fixé mon attention dans le journal de Baltimore, et que l'auteur a réimprimé plus tard sous le titre de : *Une année de résidence aux États-Unis d'Amérique.*

J'ai traduit cet ouvrage, et j'ai l'espoir que les fragmens qu'on va lire ne seront pas sans intérêt pour les agriculteurs français. Aux détails de culture des rutabagas, des choux et des betteraves se trouve jointe l'indication de la manière de brûler l'argile pour en faire des cendres propres à l'amendement des terres.　　L. Valcourt.

Rutabaga.

« Art. 30. Le *rutabaga* est aussi nommé navet de Russie ou de Suède ; sa feuille est d'un vert *bleuâtre*, comme celui des jeunes choux d'York, tandis que la feuille des diverses espèces de navets est d'un vert *jaunâtre*. Le dehors de la bulbe du rutabaga est d'une teinte verdâtre, mélangée, à la naissance des feuilles ou à la couronne, d'une couleur rougeâtre ; mais lorsque l'espèce en est pure, l'intérieur de la bulbe est d'un jaune presque aussi foncé que celui de l'or. »

Choix et conservation des graines.

« Art. 32. Il faut prendre les plus grandes précautions pour élever et conserver les semences, sans quoi le rutabaga est sujet à dégéné-

---

(1) Extrait du *Cultivateur*, journal des progrès agricoles.

rer. Il faut choisir pour porte-graines les bulbes les plus belles, et qui, à proportion de leur grosseur, ont le moins de feuilles. Il faut rejeter celles qui ont une couleur approchant du blanc, et qui, près de la naissance des feuilles, ont une teinte verdâtre, parce qu'elles doivent l'avoir rougeâtre. »

« Art. 33. Au lieu de faire, au printemps, ce choix dans le tas de racines qu'on donne aux bestiaux, je le fais à l'automne, en les arrachant, et je les replante immédiatement dans mon jardin. Au commencement des gelées, je les couvre soigneusement avec des feuilles d'arbres, que je recouvre, pendant les fortes gelées, de long fumier, qu'il faut ôter quand ces fortes gelées sont passées. Mais il faut avoir grand soin d'éloigner de ces porte-graines toute espèce de choux ou de navets, dont les poussières séminales ne manqueraient pas de faire dégénérer les semences. Chaque porte-graine bien soigné donnera une forte livre de semence, que l'on conservera renfermée dans un sac de toile tenu dans une chambre non humide (1). »

Semaille. — Epoque convenable. — Travaux préparatoires.

« Art. 37. En ANGLETERRE je semais mes rutabagas depuis le 1er jusqu'au 20 de juin. Quelques personnes sèment en mai; ce qui, peut-être, vaut mieux. En AMÉRIQUE je n'ai pu commencer que le 2 juin, et pour m'assurer quelle serait l'époque la plus favorable, j'en ai semé un petit carré, chaque semaine, depuis le 2 juin jusqu'au 30 juillet. Les graines ont *toujours* bien levé; mais ayant examiné

---

(1) On sait que les Chinois et leurs voisins les Indiens ont poussé très loin la petite culture et celle des jardins. J'ai lu dans le *Technical repository*, vol. 8, pag. 49, la manière suivante dont ces derniers traitent les porte-graines des carottes, raves, navets et autres plantes de ce genre. «Choisissez les meilleures plantes lorsqu'elles seront à *un tiers* de leur grosseur; coupez les feuilles, mais à quelques pouces de la couronne; coupez aussi l'extrémité de la racine. Fendez en quatre la bulbe, depuis la pointe de la racine jusqu'à 1 *pouce* du collet. Trempez alors la bulbe dans l'enduit suivant, que vous ferez pénétrer dans l'intérieur, savoir : parties égales de fientes de buffle et de cochon aussi fraîches que possible, et d'une terre rouge tirée des fourmilières, le tout pétri avec de l'eau en une bouillie de la consistance du goudron. Pour 5 quartes de cette bouillie (2 litres 785), mettez-y 3 drachmes (11 grammes 652) d'*assa-fœtida* dissous dans un peu d'eau. Employez cet enduit tout frais et plantez de suite ces porte-graines, ainsi enduits, dans une bonne terre, en couvrant le collet. On arrose, s'il est nécessaire. Les coupures font pousser une plus grande quantité de racines latérales. »   (*Note du traducteur.*)

attentivement la crue des plantes semées les premières, et ayant calculé leur croissance probable, j'ai fixé au 20 juin le moment de semer ma grande récolte. »

« Art. 38. Heureusement qu'ici (aux ÉTATS-UNIS) on ne connaît pas le puceron ou la puce de terre, qui est si pernicieuse en ANGLETERRE. Là, le seul moyen d'être sûr d'avoir du plant de rutabaga est d'en semer en petites planches en différens temps, et de les re piquer la 1re fois, lorsqu'ils sont encore tout petits, comme on le fait pour les choux (1). »

« Art. 40. Les rutabagas que j'avais semés dans les quinze 1ers jours de juin sont bien venus, ils ont acquis une bonne grosseur; mais, quoiqu'ils n'aient pas *monté en graine*, ils étaient très près de le faire. Leur collet s'est allongé, et il en est sorti plusieurs tiges rameuses : dès ce moment, la bulbe a cessé de grossir, la substance est devenue dure et filandreuse; enfin ces rutabagas se sont trouvés infiniment inférieurs à ceux qui ont été semés à l'époque propice (2). »

« Art. 41. Les plantes semées du 15 au 26 juin ont eu les qualités et apparences de celles semées antécédemment, mais dans un degré moins mauvais. Celles semées le 26 juin ont été parfaites en forme, grosseur et qualité ; et si j'en ai eu de plus volumineuses en

---

(1) L'*Encyclopédie domestique américaine*, vol. III, pag. 57, indique les moyens suivans de préserver les navets, choux, etc., d'être mangés par les pucerons. Prenez 3 livres de graines de navets, que vous mélangerez bien avec 1 once de fleur de soufre et que vous placerez dans un pot de terre vernissé, que vous couvrirez hermétiquement. 24 heures après, vous mélangerez une 2e once de la même substance, et le jour suivant, vous en ajouterez également une 3e once, ce qui fera 3 onces de soufre pour 3 livres de semence ; ayant soin, chaque fois, de bien mélanger le soufre et les semences avec une cuiller ou une spatule en bois, de manière à ce que chaque graine soit revêtue de soufre. On semera, à la manière ordinaire, avec ces 3 livres de graine 1 acre de terre (40 ares) ; et comme le soufre donne un goût âcre aux cotylédons, les plantes auront le temps d'acquérir leurs 3e et 4e feuilles qui, étant velues et rudes, sont à l'abri des insectes.

Un autre moyen est de laisser tremper les semences pendant quelques heures, immédiatement avant d'être semées, dans de l'eau bien chargée de suie, laquelle communique à la plante une amertume qui la met à l'abri de la voracité des pucerons.

On saupoudre aussi les plantes à leur sortie de terre avec de la chaux vive réduite en poudre, de la suie, des cendres, etc. (*Note du traducteur.*)

(2) Ces remarques sur les semis faits de trop bonne heure sont bien importantes.   (*Idem.*)

Angleterre, c'est que j'y avais mis plus d'engrais sur un demi-acre que je n'en avais mis sur 7 acres aux États-Unis. »

« Art. 42. Les rutabagas semés après le 26 juin, et avant le 10 juillet, sont bien venus, et ont donné un bon produit, surtout une planche semée le 9 juillet, qui a produit à raison de 992 bushels par acre (912 hectol. $\frac{1}{2}$ par hectare); mais ce lot avait été semé dans une terre extrêmement bien préparée et fumée avec des cendres d'argile brûlée, dont je parlerai plus tard. »

« Art. 43. Quoique ce lot, semé dans une saison aussi avancée que le 9 juillet, soit venu si bien, cependant je ne conseillerai pas d'attendre aussi tard; car je suis de l'avis de ceux qui prétendent que Dieu est presque toujours pour ceux qui sèment de bonne heure. »

« Art. 44. Les autres lots, semés après le 9 juillet jusqu'au 31 du même mois, sont venus, mais ont diminué progressivement de grosseur, et le pire a été que le froid les a surpris avant qu'ils fussent *mûrs;* cependant la maturité est aussi nécessaire aux racines qu'aux fruits. »

« Art. 47. Je trouvai très peu de fumier en entrant sur la ferme de Hyde-Park près de New-York, et la terre était très maigre, épuisée, et en très mauvais état. Au commencement de juin, je donnai au champ où je voulais semer mes rutabagas un labour superficiel, mon intention étant de ramasser ensuite avec la herse les herbes et les racines et d'y mettre le feu; mais lorsque j'allais le faire, il survint une forte pluie qui tassa la terre de manière que la herse ne pouvait plus pénétrer. Cependant le moment de semer approchait. Dans cette situation, et ne craignant pas un labour profond pour les plantes bulbeuses, j'attelai 4 bœufs à une forte charrue (1), et je ramenai en dessus une terre qui peut-être depuis des siècles n'avait pas vu le soleil. Peu après survint une forte pluie qui pénétra de suite jusqu'au fond de mon labour, et qui ne s'évapora pas, comme elle l'eût fait, si le labour eût été superficiel. Je hersai de suite le terrain pour y conserver la fraîcheur, car c'était le soleil que j'avais maintenant à craindre. »

« Art. 50. Je semai les 25, 26 et 27 de juin, et voici comme je m'y pris, avec deux charrues attelées chacune d'une paire de bœufs.

» Les charretiers firent de petits billons, par 2 traits de charrue de chaque côté du sommet, de sorte que chaque billon était composé de 4 traits de charrue; les sommets des billons étaient à 4 pieds de

---

(1) On n'y met jamais que 2 bœufs ou 2 chevaux.

(*Note du traducteur.*)

distance (3 pieds 9 pouces). Comme je faisais labourer très profondément , il y eut une raie profonde entre chaque billon. »

Formation des billons. — Fumure. — Mode d'ensemençement.

« Art. 51. J'avais fait répandre le peu de fumier que j'avais
exactement dessous le sommet des billons , c'est à dire justement
dessous l'endroit où je devais placer mes semences. Comme je n'avais
apporté d'ANGLETERRE que très peu de semence , environ 4 livres,
et que j'avais 7 acres à semer (2 hectares 80 ares), j'étais obligé
de la ménager extrêmement , et voici comme je la semai. Aussitôt
que le sommet d'un billon était formé par 2 traits de charrue , un
homme suivait , et mettait 2 ou 3 graines par place espacée d'environ 10 pouces. Il tirait avec la main , sur la semence , un peu de
terre *qu'il pressait avec le dos des doigts* pour la faire toucher aux
semences et les empêcher de *se dessécher*. Presser la terre sur les
semences est une chose utile en tout temps , mais surtout pendant la
sécheresse , et avec un soleil brûlant. Les semences sont des objets
bien petits : lorsque nous les voyons couvertes de terre , nous con-
cluons que la terre doit *les toucher intimement partout;* mais nous
sommes dans l'erreur et nous devons réfléchir que la plus petite
cavité suffit pour qu'une graine ne touche la terre que là où elle pose
et non pas autour du reste de sa circonférence. Sous un ciel brûlant ,
et près de la surface du sol , on peut être certain qu'elles sécheront ,
ou que pour le moins elles resteront long-temps dans un état d'inac-
tion , et qu'elles ne s'élanceront que lorsque la pluie surviendra. »

Sarclage. — Roulage.

« Art. 52. Le hasard m'avait donné une preuve remarquable de
ce fait à BOTLEY en ANGLETERRE. Mon jardinier avait semé des rutabagas à la volée dans une pièce de terre. Je lui avais dit de former
des planches, afin de pouvoir plus aisément sarcler les mauvaises
herbes ; mais ne se rappelant cet ordre qu'après avoir semé, il
tendit alors son cordeau , et forma des planches de 4 pieds de largeur , en pressant bien la terre avec ses pieds le long du cordeau ,
et piétinant ainsi de petits sentiers. Le temps était très sec et le
vent piquant , et il continua ainsi pendant 3 semaines. Après ce laps
de temps, on voyait à peine quelques plantes dans les planches, où
on n'avait fait que passer le râteau ; mais dans les sentiers, il y en
avait en abondance et d'une belle venue : c'est de là que je les ai
levées plus tard, pour les transplanter, et elles faisaient partie de
ce champ qui m'a donné 33 *tonneaux pesant par acre* (175 milliers

par hectare), et qui était le plus beau champ que j'aie jamais vu (1). »

« Art. 53. Je ne saurais trop appeler l'attention du lecteur sur ce fait. En pressant la terre, on la fait toucher la semence dans toute la circonférence, et alors elle poussera de suite. C'est pour cette raison que l'orge et l'avoine (2) doivent être roulées, si le temps est sec : c'est une règle générale que la terre doit être pressée sur toutes les semences, si elle est dans un état qui le permette (3). »

« Art. 54. Cette manière de semer n'est ni longue, ni dispendieuse. 2 personnes m'ont semé mes 7 acres de terre (2 hectares 80 ares) en 3 jours, et cette dépense est bien minime, quand on considère la valeur de la récolte et la facilité que ce mode de semer donne pour opérer les sarclages et les cultures subséquentes. Je ne crois pas qu'aucune machine à semer puisse faire un ouvrage aussi bon, et en définitif aussi peu coûteux que celui-là. Les semoirs qui sèment des graines aussi fines sont sujets à faire des manques. On peut cependant faire autrement la chose à la main, mais d'une manière moins précise. Un homme peut semer ces 7 acres dans un jour, en répandant la semence le long du sommet des billons, et en la recouvrant ensuite avec un râteau, et en la pressant avec une pelle, ou tout autre instrument propre à cela. Je me suis servi d'un rouleau léger qui aplatissait les sommets de 2 billons à la fois, et qui était traîné par un cheval qui marchait dans la raie entre les 2 billons. »

« Art. 55. Cependant il est probable que beaucoup de cultivateurs préféreront semer les rutabagas à la volée, parce qu'ils sont plus habitués à ce mode de culture. Dans ce cas, il faut que le terrain soit bien labouré, très bien hersé, et que la graine soit semée de la manière la plus égale et pas trop épaisse, à raison d'environ 2 livres par acre (5 livres par hectare); mais si le temps est sec, il faut de toute nécessité *rouler.* »

Comme ci-dessus j'ai fait mention des *cultures subséquentes,* je vais maintenant les faire connaître, soit pour la culture *en rayons,* soit pour celle *à la volée,* afin de mettre le lecteur à même de choisir celle de ces deux manières qu'il jugera la plus avantageuse.

(1) La même chose m'est arrivée en semant des betteraves blanches. (*Note du traducteur.*)

(2) Et autres grains semés au printemps. (*Ibid.*)

(3) C'est à dire si elle n'est pas trop humide pour coller au rouleau. (*Ibid.*)

« Art. 57. Lorsque mes billons furent faits, et mes graines semées, mes voisins crurent que tout était fini; car, dirent-ils, si
jamais les rutabagas peuvent lever, comme ils se trouveront sur
le sommet de ces billons qui sont frappés des deux côtés par le soleil,
la terre se desséchera, tournera en poussière, et les plantes mour-
ront. Je savais bien que c'était une erreur, mais je n'avais pas
trop de confiance dans la force de végétation de ma terre, connaissant son état d'épuisement, et ne lui ayant donné qu'une quantité
si minime d'engrais. »

Eclaircissement des touffes.

« Art. 58. Cependant les plantes levèrent avec une grande régularité, je ne vis pas un puceron. Aussitôt que les rutabagas furent
bien sortis de terre, nous prîmes une petite sarclette à main, et
nous ne laissâmes qu'une seule plante dans chaque touffe, qui
fut espacée de 11 à 12 pouces (1). Cela est un point important, car
les plantes commencent de très bonne heure à se dérober mutuellement la nourriture, et si on les laisse pendant 2 ou 3 semaines
se voler ainsi avant de détruire les surnuméraires, et laisser seul
le pied que l'on veut conserver, la récolte en sera diminuée de
moitié. Il est très aisé d'éclaircir les plantes; c'est un travail
qui va vite, mais qui ne doit être confié qu'à un homme soigneux. On ne doit pas abandonner à des enfans une décision
aussi importante que celle de laisser une récolte plus ou moins abondante. »

« Art. 59. Mais dans peu de temps la terre fut couverte d'une
multitude d'autres plantes que des rutabagas, car les semences
fournies pendant tous les étés précédens par une infinité de mauvaises herbes vinrent maintenant prendre leur part de la nourriture
produite par la fermentation, la rosée, et surtout par ce *soleil*
vivifiant, qui luit également pour tous. Je ne crois pas avoir jamais
vu, dans aucun terrain, la 50me partie des mauvaises herbes qui

---

(1) Une semence de rutabaga, de chou, de navet, ne donne qu'une seule
tige; mais une graine de betterave en produit très souvent deux et même
trois : aussi, quand on éclaircit les betteraves, et que, des deux plants qui
se touchent et qui sortent de la même graine, on n'en veut laisser qu'un,
il ne faut pas *arracher* celui que l'on veut détruire, parce qu'alors on sou-
lève et on déracine en partie celui qui reste, qui alors languit; mais il
faut couper rez-terre, *avec l'ongle*, la plus faible des deux plantes. Cette
observation est essentielle pour les betteraves.

couvraient ma terre. Leurs cotylédons, de toutes les nuances,
tapissaient littéralement le sol. Ce fut alors que mes *larges billons*,
qui avaient paru à mes voisins si extraordinaires et si hors de proportion, se montrèrent *absolument nécessaires*.

» D'abord, avec des houes à main, nous sarclâmes environ 6 pouces de largeur sur le sommet des billons ; alors tous les rutabagas
se trouvèrent propres, ce qui ne coûta qu'une demi-journée de
travail par acre (pour 40 ares). Ensuite, selon la manière dont je
l'avais pratiqué à Botley en Angleterre, avec une charrue légère
traînée par un seul cheval, je jetai dans la rigole entre les 2 billons
une raie en allant, puis une raie en revenant, et de suite, le long
de la 1re raie, une 2e raie en allant et une 3e raie en revenant.
Ces 2 dernières raies longèrent les plantes à 3 pouces de distance.
Ainsi j'élevai un billon dans l'endroit où était auparavant la rigole de séparation. Ensuite je rejetai avec la charrue les raies vers
les rutabagas, et je replaçai la terre comme elle l'était auparavant. Il n'y avait plus alors une seule mauvaise herbe en vie ;
toutes avaient été détruites par le soleil, et le champ entier était
aussi net et aussi ameubli que pourrait l'être le jardin le plus
soigné. »

« Art. 60. Les personnes qui connaissent les effets d'une culture
entre des plantes *qui croissent*, et principalement lorsque le labour
est *profond* (et quel est l'Américain qui n'en connaît pas la vertu,
puisqu'il voit que sans ces cultures le maïs ne vient pas ?), ces personnes peuvent se figurer l'effet que ces labours eurent sur mes rutabagas, qui, par leur croissance, me donnèrent une preuve évi-
dente que les principes de *Tull* sont toujours vrais, n'importe la
nature de la terre et le climat. »

« Art. 61. On avait alors plaisir à regarder ces lignes longues et
bien régulières, de plantes vigoureuses, couronnant le sommet de
ces larges billons, que l'on avait crus trop espacés. Mais pourquoi les
espacer autant ? Voilà la question que l'on m'a faite mille fois en
Angleterre et ici. C'est parce que vous ne pouvez pas donner un
labour *profond* et *soigné* dans un espace moindre que 4 pieds (3 pieds
9 pouces de France) ; et c'est ce labour *profond* que je regarde
comme le moyen le plus sûr d'assurer une récolte abondante, principalement dans un terrain maigre. C'est une grande erreur de croire
qu'il y a du terrain perdu par ces larges intervalles. Ma récolte
de 33 tonneaux par acre (175 milliers par hectare), pour la totalité
du champ, avait des intervalles de cette largeur, tandis que mes
voisins, avec les leurs de 2 pieds, n'eurent jamais les 2/3 du
poids de ma récolte. Il n'y a pas de terrain *perdu*, car ceux qui vou-

draient s'en convaincre pourraient voir de leurs propres yeux que les racines latérales d'un vigoureux rutabaga s'étendent à plus de 6 pieds de la bulbe de la plante. Toute la terre labourée des intervalles est remplie de ces racines, qui, étant coupées ou déplacées par la charrue, poussent de nouvelles ramifications, lesquelles vont chercher une nourriture nouvelle, ce qui produit sur la plante un effet étonnant, comme on le voit évidemment dans la culture du maïs. Aussi larges qu'étaient mes intervalles, les feuilles de quelques unes des plantes touchaient presque celles des plantes des billons latéraux, et ce, avant leur croissance achevée; en ANGLETERRE, je les ai souvent vues se toucher. Ici, en AMÉRIQUE, elles le feront toujours dans une terre riche, et avec la culture convenable. Comment donc peut-on prétendre que les intervalles sont trop larges, s'ils sont entièrement occupés par les plantes, et comment peut-il y avoir de terrain perdu, quand l'intérieur est rempli par les racines, et le dessus recouvert par les feuilles? »

« Art. 62. Après la culture ci-dessus détaillée, mes rutabagas poussèrent vigoureusement, jusqu'à ce que les mauvaises herbes eussent paru de nouveau, ou plutôt jusqu'à ce que de nouvelles semences fussent venues éclore. Lorsque cela eut lieu, nous prîmes de nouveau la houe à main, et nous nettoyâmes le sommet des billons. Sous un soleil aussi ardent que le soleil d'AMÉRIQUE, les mauvaises herbes périrent promptement; ensuite, avec la charrue à un cheval, nous redonnâmes un labour semblable au 1er. Après cela nous n'eûmes plus rien à faire, si ce n'est d'arracher, de place à autre, quelques herbes qui n'avaient pas été atteintes par la houe à main, car, pour la charrue, aucune ne lui était échappée. »

« Art. 63. Il n'y a dans ce procédé rien de plus difficile, de plus long, ou de plus coûteux que dans la culture absolument nécessaire pour obtenir une récolte de maïs; et cependant, je puis assurer que tout terrain qui pourra donner 50 bushels de maïs par acre (44 hectolitres 60 litres par hectare) produira plus de 1000 *bushels* de rutabagas (891 hectolitres 30 litres par hectare). »

« Art. 64. Dans la culture *à la volée*, les labours subséquens ne peuvent nécessairement se faire qu'avec *la houe à main*, qui ne fait, comme le dit si justement *Tull*, qu'égratigner la terre. En ANGLETERRE, où le sarcleur n'entre avec sa houe, dans le champ, que lorsque les plantes ont environ 4 pouces de hauteur, il houe la terre tout autour des plantes, qu'il laisse espacées de 18 pouces; ensuite, si la terre devient sale, et si les herbes ont poussé de nouveau, le sarcleur est obligé, un mois après, de recommencer à houer tout le terrain. Voilà la totalité de son travail, et cette totalité est une triste chose, comme ne le montre toujours que trop la récolte faite même sur les meilleures terres, comparée à une autre faite sur billons. »

Transplantation. — Repiquage.

« Art. 65. Il y a une 3ᵉ manière de cultiver les rutabagas, et qui, dans certains cas, est de beaucoup préférable aux deux que nous venons de décrire : le semis en rayons, et celui à la volée. Cette 3ᵉ méthode est *la transplantation*. Ma *magnifique* récolte, à BOTLEY, était de plantes qui avaient été *transplantées*. J'eus recours à cette méthode pour m'assurer une récolte, malgré le *puceron;* mais j'ai la persuasion que c'est la manière la meilleure *dans tous les cas*, pourvu que l'on soit assuré de pouvoir se procurer les *ouvriers nécessaires*, pendant le peu de jours qu'on mettra à repiquer. »

« Art. 66. La meilleure description de ces sortes de sujets est, je crois, d'exposer ce que l'on a fait *soi-même*. C'est de la pratique réelle, ou du moins cela en approche plus que toutes les instructions. »

« Art. 67. C'est par accident que je fus conduit à ce mode de culture. Pendant l'été de 1812, j'avais dans le milieu d'un champ une pièce de rutabagas qui était avoisinée d'un côté par des carottes, et de l'autre par des betteraves blanches. Le 10 juillet, je vis que ceux de mes rutabagas, qui avaient échappé aux pucerons, commençaient à pousser vigoureusement. Ils avaient été semés en rayons, et je désirais regarnir les places laissées vides par les plantes que les *pucerons* avaient mangées. En conséquence, j'enlevai les plantes qui étaient en trop dans les endroits où les pucerons avaient fait moins de ravages, et je les repiquai à la place de celles qui avaient été détruites. J'en fis de même dans deux autres champs. »

« Art. 68. Les rutabagas transplantés poussèrent assez bien, mais restèrent toujours très inférieurs à ceux qui à côté étaient venus en place. Mais il y avait, par hasard, le long de la pièce, une langue de terre, d'environ 3 pieds de largeur, qui n'avait pas été semée. Lorsque mon charretier eut fini de labourer entre les rangées, je lui fis labourer très profondément cette langue de terre, et mon jardinier y repiqua de suite deux rangées de rutabagas. Ce furent ceux-là qui devinrent les plus gros et les plus beaux de toute la pièce, quoiqu'ils fussent plantés 2 jours après ceux repiqués çà et là dans les manques. Je conçus de suite que la

cause de cette différence si frappante était que ceux des deux
rangées avaient été repiqués dans une terre *fraîchement* labourée ;
car, quoique alors je n'eusse pas lu beaucoup des ouvrages de *Tull*,
je savais, par l'expérience de toute ma vie, qu'il fallait toujours
semer et *repiquer* dans une terre aussi *récemment labourée* que possible. La raison en est qu'à chaque fois que l'on remue la terre, et
surtout qu'on la retourne, il s'établit une fermentation qui fait
monter des exhalaisons ou vapeurs humides, lesquelles fournissent
la *nourriture nécessaire* aux semences et aux plantes qu'on vient d'y
placer. M. *Curwen*, membre du parlement, a publié, sur l'*agriculture*, un ouvrage qui n'est pas mauvais, parce qu'il expose les expériences que lui-même a faites ; mais il n'a pas rendu justice à *Tull*,
en n'avouant pas que c'est dans *Tull* qu'il a puisé ses principes. »

« Art. 69. Dans son ouvrage, M. *Curwen* rend compte des effets
surprenans produits par *le remuement de la terre* entre les plantes
semées en lignes, et il nous rapporte une expérience qu'il a faite, et
qui prouve qu'une terre labourée nouvellement, et pendant un temps
très sec, avait produit des exhalaisons qui, par acre (40 ares), pesaient *plusieurs milliers*, et ce, pendant les 24 premières heures après
le labour ; mais que le poids de ces exhalaisons avait diminué progressivement, à chaque 24 heures qui ont suivi ; que les exhalaisons ont *cessé* environ une semaine après le labour, et que pendant
tout ce laps de temps, le reste *du même champ, qui n'avait pas été
labouré*, n'avait pas produit *une seule once* d'exhalaison ! Lorsque je vis
cet article dans l'ouvrage de M. *Curwen* (et je n'avais pas alors lu
Tull), cela me rappela qu'ayant, quelques années auparavant,
bêché entre les rangées *de la moitié* d'un carreau de choux, pour y
planter des pois tardifs, je vis, le lendemain matin (c'était pendant un temps sec), que les choux au pied desquels j'avais bêché
avaient de grosses gouttes de rosée pendues autour des feuilles, tandis
que les choux qui n'avaient pas été bêchés n'en avaient pas du tout.
J'avais oublié cette particularité, qui m'est revenue à l'esprit lorsque
je lus M. *Curwen*, mais je n'en connus la cause que lorsque je lus
le vrai père de l'agriculture anglaise, *Jethro Tull*. »

« Art. 70. Je reviens à l'histoire de ma 1re transplantation de
rutabagas en ANGLETERRE. Je vis de suite que le seul moyen de
m'assurer une récolte, et en dépit du puceron, était par *la transplantation*. En conséquence, l'année suivante, je préparai un champ
de 5 acres (2 hectares), et un autre de 12 acres (4 hectares 80 ares) ;
je formai mes billons, comme je l'ai décrit précédemment, et je
repiquai mes plantes, le 7 juin dans le 1er champ de 5 acres,

et le 20 juin dans le second. Je m'assurai, avec la balance, si j'avais *trente-trois tonneaux par acre*, pour chacun des 17 acres (175 milliers par hectare). Depuis ce moment, je n'employai plus d'autre méthode. Je ne vis jamais un champ de mes voisins dont la récolte dépassât *la moitié* du poids de la mienne ; et quoique nous trouvions, dans les *Mémoires d'agriculture*, que certaines récoltes, qui ont remporté les prix, étaient beaucoup plus pesantes, ce ne devait être que sur des champs de 1er choix, d'un *seul* acre, ou un peu plus. Dans ma culture habituelle, avec des billons distans de 4 pieds (3 pieds 9 pouces de FRANCE), et des plantes espacées de 1 pied (11 pouces 3 lignes, 11664 ; ou, 0mètre, 3o48), j'avais 10,830 rutabagas par acre (26,675 plantes par hectare) ; ainsi chaque bulbe pesait près de 7 livres. Dans une des années suivantes, j'ai eu 1 acre ou 2 faisant partie d'un champ considérable, repiqué le 13 juillet, dont la récolte pesait probablement 5o *tonneaux* l'acre (259 milliers l'hectare). Je différai quelque temps de les peser ; le feu, qui prit à un des bâtimens de la ferme, occasiona de nouveaux retards, et finalement la chose ne fut pas faite ; mais j'en pesai un chariot, et les rutabagas pesèrent, l'un dans l'autre, 11 livres (10 livres 3 onces) ; plusieurs pesèrent 14 livres (12 liv. 15 onc. 4 gros) ; les plus forts que j'eusse en AMÉRIQUE pesaient 12 livres 1/2 (11 liv. 8 onces). Tous ces rutabagas, soit en ANGLETERRE, soit aux ÉTATS-UNIS, avaient été *transplantés*. Cependant, à HYDE-PARK (en AMÉRIQUE), j'ai eu des rutabagas venus en place, qui ont pesé 10 livres (9 livres 3 onces), et que, d'après la perfection de leurs forme et qualité, j'ai choisis, et que je replante dans ce moment pour porte-graines (1). »

----

(1) La transplantation a sur le semis en place *deux* autres avantages majeurs :

1°. On peut avec la transplantation faire 2 récoltes dans la même année, sur la même terre : par exemple, après des vesces d'hiver, ou de l'orge d'hiver, mangées en vert au printemps, ou des navets semés tard, l'automne précédent, et dont on fait manger les tiges au printemps. On a le temps de bien préparer la terre par 2 labours, et d'y repiquer sur billons des rutabagas, des betteraves blanches, des choux, etc.

2°. Si la terre, après une récolte de blé d'hiver, n'est pas propre, comme il arrive presque toujours, et est remplie de chiendent et qu'on y sème en place des betteraves de bonne heure, comme on doit le faire, alors les sarclages, surtout le 1er, seront très dispendieux, comme M. *Mathieu de Dombasle* ne l'a que trop éprouvé dans sa sucrerie de betteraves, en 1813, 1814 et 1815 ; mais en employant la transplantation, qui ne se fait que dans le

«Art. 71. Je vais maintenant détailler la manière que j'ai employée, à Hyde-Park, pour ma transplantation. Dans une partie du champ que j'avais mis en billons, je répandis sur le sommet des billons la semence extrêmement claire ; mais quelque claire que l'on puisse répandre une semence aussi fine, il y aura toujours trop de plantes, si la terre est bien meuble, et si la semence est bonne. Je laissai toutes les plantes pousser, comme elles levèrent, et je les laissai trop long-temps, par manque de mains pour les repiquer, ou plutôt par manque de temps pour le faire faire, et aussi *pour montrer moi-même comment le faire ;* car je n'avais pas une seule personne qui connût la manière de placer une plante en terre, et quelque paradoxal que cela paraisse, je puis assurer que plus de la moitié du poids de la récolte dépend d'un petit tour de main donné au *plantoir,* tour de main bien connu des jardiniers qui repiquent les choux, et que j'expliquerai présentement. »

« Art. 72. Je n'avais pas le temps de faire l'ouvrage moi-même, et j'étais, un jour, à regarder mes pauvres plantes, qui avaient si besoin d'être transplantées ; je pensais à mes ouvriers de Botley, qui m'auraient fait si lestement mon ouvrage, lorsque le plus grand des hasards fit entrer chez moi un de ces hommes, qui arrivait d'Angleterre. »

« Art. 73. Avec lui je me mis à l'ouvrage, et aidés par d'autres personnes qui arrachaient les plants et nous les apportaient, nous repiquâmes environ 2 acres (80 ares) dans les *matinées* et les *soirées* de *six* jours, car le soleil était trop ardent pour nous permettre de travailler depuis après le *déjeûner* jusque deux heures avant le *coucher* du soleil. »

« Art. 74. Nous travaillâmes ainsi depuis le 21 jusqu'au 28 août, n'ayant rien fait pendant un dimanche et un autre jour. Chacun sait que cette époque est le moment *le plus chaud* de l'année, et l'année

---

mois de juin, on a le temps de bien nettoyer la terre, et si le printemps est sec, de détruire complétement le chiendent, comme je l'ai fait par 2 ou 3 labours à la charrue, avec un fort hersage avant le 2e et le 3e labour, lesquels labours seront donnés à moins de 3 semaines d'intervalle, pour que la terre n'ait pas le temps de se répandre. (Voyez là dessus l'excellent article de M. *de Dombasle,* 5e livraison, page 333.) Par le dernier labour, donné en juin, pour mettre la terre en ados ou billons pour le repiquage, toutes les mauvaises herbes sont détruites et ne germent guère plus après cette époque. Alors la transplantation sur ados est loin de coûter ce que le 1er sarclage seul eût coûté pour un semis à demeure fait dans une terre empoisonnée d'herbes.

(*Note du traducteur.*)

dernière (1818) eut aussi l'été *le plus sec.* Le temps avait été chaud et sec depuis le 10 août, et continua ainsi jusqu'au 12 septembre. Qui aurait imaginé que ces plantes pouvaient prospérer, même qu'elles pouvaient vivre? Le lendemain de leur plantation, leurs feuilles, prises dans les doigts, s'écrasaient en poussière. Deux jours après, il n'y avait pas plus d'apparence de plantes dans mon champ, qu'il n'y en avait sur la grande route. Mais le 2 septembre, comme je le trouve porté dans mes notes, mes plantes commencèrent à montrer *signe de vie,* et avant la pluie qui tomba le 12, la crête des billons avait déjà pris une teinte de verdure, et les plantes semblaient promettre une bonne récolte. »

« Art. 75. Mais je dois faire mention d'une autre transplantation que je fis à la fin de *juillet.* J'avais semé, dans une petite pièce de terre, mes 1ers rutabagas en rayons distans de 18 pouces, et les plantes à 1 pied de distance. Vers le milieu de juillet, je vis qu'il me fallait enlever une raie intermédiaire, sans quoi toute la récolte ne vaudrait pas grand'chose. Les ayant arrachés, je ne voulus pas perdre des plantes qui avaient déjà des bulbes aussi grosses que des œufs; mais comme je n'avais pas de terre préparée, je les fis mettre à la cave, où elles furent jetées *en tas,* et où, dans peu de temps, elles *s'échauffèrent,* comme on devait s'y attendre dans une saison aussi chaude : les feuilles devinrent blanches. Cependant, comme il me peinait de jeter sur le fumier de si belles plantes, je les fis étendre sur un *gazon* qui était devant ma porte, où elles reçurent la rosée pendant la nuit, et pendant le jour, je les fis couvrir avec un paillasson. Mais on oublia ou plutôt on négligea de le faire pendant 2 jours, et alors, croyant les plantes décidément *mortes,* on ne les recouvrit plus. Elles furent ainsi abandonnées jusqu'au 24 juillet, que je commençai à transplanter mes choux dans le champ. Je pensai alors à m'assurer si le rutabaga était bien vivace : je ramassai ces plantes abandonnées, qui n'avaient plus une particule de vert, et avec elles j'achevai une rangée de choux. J'en repiquai ainsi *cent six,* qui lorsqu'elles furent arrachées, en décembre, pesèrent *neuf cent une* livres (834 liv. 11 onc.). Un de ces rutabagas pesait 12 livres 1/2 (11 liv. 8 onc.). »

« Art. 76. Mais il faut observer que cette terre était parfaitement préparée, que j'y avais mis mon meilleur fumier, et que j'avais pris, moi-même, tous les soins possibles pour bien placer les plantes en terre. Cette expérience prouve évidemment combien cette plante est vivace, mais, pour cela, je ne conseille pas de la mettre à une aussi rude épreuve; il n'y a pas de nécessité à le faire, et c'est une règle générale, que plus tôt on peut repiquer les plantes, après les avoir arrachées, mieux elles s'en trouvent (1). »

« Art. 77. Mais, quant à la transplantation, il y a une observation importante à faire; il faut, d'après les raisons développées précédemment, qu'elle ait lieu *aussitôt* qu'il est possible, après que la charrue a *remué la terre.* Voici ma manière de m'y prendre. Je mets ma terre en billons, comme je l'ai expliqué plus haut pour *l'ensemencement;* je le fais quelques jours avant le moment où je dois repiquer, même une semaine et plus. Lorsque tout mon monde est prêt, et mon plant arraché, le charretier commence, avec sa charrue, à renverser les billons ; c'est à dire qu'il élève le sommet des nouveaux billons dans la place où était précédemment la raie de séparation. Aussitôt qu'il a fini le sommet du 1er billon, les planteurs y repiquent le plant, tandis que le charretier forme le 2e billon, et ainsi de suite pour tout le reste du champ. Ce n'est pas un procédé bien long, puisqu'en 1816 j'ai repiqué ainsi 52 *acres* de rutabagas (20 hect. 80 ares), et j'ai calculé que ma récolte dépassait 50,000 *bushels* (17,846 hectolitres). Un homme actif, avec un garçon ou une fille pour lui placer le plant, repiquera un $\frac{1}{2}$ acre dans sa journée (20 ares). J'ai eu un homme qui m'a souvent repiqué *un acre* dans sa journée (40 ares). Mais supposant même que l'on ne ferait que $\frac{1}{4}$ d'acre (10 ares) dans la journée, quel est le prix de quatre jours de travail comparé à la valeur d'un acre (40 ares) de cette précieuse racine ; et quel est le cultivateur, avec la moindre industrie, qui refusera de courber son dos pendant huit à douze jours, afin de pouvoir nourrir copieusement tous ses bestiaux pendant les mois du printemps, lorsque la nourriture sèche leur est si répugnante, et que la saison leur refuse encore la nourriture verte? »

« Art. 78. Gravez bien dans votre mémoire l'observation que j'ai faite plus haut, qu'il ne faut jamais repiquer que dans la terre *qui vient d'être remuée,* et maintenant je vais expliquer le repiquage proprement dit, ou l'opération mécanique de mettre la plante dans

---

(1) J'avais toujours soin, lorsque je faisais arracher le plant, pour le repiquer dans les champs, de faire saucer les racines et le collet de chaque poignée de plants dans une bouillie assez liquide, faite avec de la bouse de vache, de la terre et de l'eau. On peut mettre cette bouillie dans une brouette dont le devant est fermé par une porte à coulisse, et on place les poignées de plants, ainsi enduites, dans les corbeilles ou charpagnes qui servent à les transporter dans les champs. Cet enduit garantit les racines du contact de l'air et empêche le chevelu de se dessécher. C'est une précaution qui coûte peu. _(*Note du traducteur.*)

la terre. Il faut se procurer un *plantoir*, qui sera le haut d'un manche de bêche, que l'on aura coupé de 10 pouces de longueur, et à qui on aura fait une pointe bien unie ; c'est pourquoi, si on fait cette pointe en fer, avec une douille pour recevoir le manche en bois, le plantoir n'en sera que meilleur, et fera l'ouvrage plus uniment. On repique les rutabagas, comme on fait les choux ; mais parce que, excepté les jardiniers de profession, j'ai trouvé en ANGLETERRE peu de personnes sachant repiquer un chou, par la même raison, je crois qu'il y en a peu qui sachent repiquer un rutabaga. »

« Art. 79. Vous entendez les personnes qui ont un jardin dire constamment qu'elles *attendent de la pluie* pour transplanter leurs choux. Il n'y a pas, en agriculture, d'erreur plus générale et plus complète sous tous les rapports. Loin qu'un temps de pluie soit le plus favorable, il est, au contraire, le plus pernicieux pour la transplantation, soit des choux, soit de toute autre plante, depuis une laitue jusqu'à un pommier. J'ai prouvé la chose cent et cent fois. La première fois que j'eus une preuve bien démonstrative de la vérité de cette assertion, ce fut en repiquant un carreau de choux à WILMINGTON, dans l'état de la DELAWARE. Je les transplantai pendant un temps sec, et, comme je l'avais toujours pratiqué jusqu'alors, je les *arrosai copieusement* ; mais ayant été appelé pour quelque affaire, je laissai une rangée *sans être arrosée*, et je ne m'en aperçus que le soir du jour suivant, lorsqu'en arrosant de nouveau les premières rangées qui l'avaient été la veille, je trouvai que le soleil avait tellement brûlé cette rangée oubliée, que je ne voulus pas l'arroser, pensant que ce serait de la peine perdue, et qu'il valait mieux y repiquer quelque autre chose. Mais, peu de jours après, je vis que mes choux n'étaient pas morts : ils poussèrent, et finalement cette rangée, que j'avais crue périe, me donna non seulement les choux *les plus gros*, mais ceux qui *pommèrent les premiers* de tout le carreau. »

« Art. 80. En voici la raison : si les plantes sont repiquées dans une terre *mouillée*, le plantoir la plaque dans un état de *mortier* contre les racines qui sont si déliées ; ensuite le soleil recuit ce mortier en une espèce de brique ; en outre, le trou fait par le plantoir est *lissé* intérieurement, conserve sa forme, et présente tout autour une substance durcie et impénétrable à un chevelu si délicat ; en un mot, tel le trou a été fait, tel il reste le plus souvent ; et la racine est renfermée dans une espèce de *puits muré*, au lieu de pouvoir étendre facilement ses radicules tout autour, dans une terre meuble. En outre, le chevelu, étant mouillé, se colle tout autour de la racine principale au lieu d'être bien étendu, et si un fort soleil survient, toute la masse est recuite, consolidée ensemble, et n'a plus

d'action. Mais si on repique dans une terre *qui n'est pas humide,*
le contraire de tout ce que nous avons dit a lieu, et la terre *nouvel-*
lement remuée fournira toujours aux plantes assez de fraîcheur,
même sous le soleil le *plus ardent.*»

« Art. 81. Cependant combien de milliers de personnes en ANGLE-
TERRE et aux ÉTATS-UNIS attendent une pluie, en juillet et en août,
pour repiquer leurs plants ! et lorsque cette pluie si désirée arrive,
elles sont obligées de repiquer dans une terre *reprise,* car la terre,
préparée depuis *long-temps,* attendait, aussi bien que les maîtres,
l'arrivée de la pluie. Mais alors la fermentation, qui suit toujours un
labour nouveau, est terminée, et après que la transplantation a lieu,
adieu la bêche et la houe ; car on dirait qu'il n'y a que le maïs qui a
le *privilége* de recevoir quelque soin *après avoir été planté. Et pour-*
quoi les autres plantes ne jouissent-elles pas des mêmes droits ? Le
pourquoi ? c'est que les autres plantes produiront *quelque chose*
même sans plus de soin, tandis que le maïs ne produira absolument
rien.

» Comme une preuve de l'effet qu'une culture profonde a sur les
plantes qui croissent, je rapporterai que, le 26 juin, un de mes bons
voisins me montrait un carreau de *choux de Savoie* qu'il avait repiqués dans une terre aussi riche que possible, il y avait environ trois
semaines, et qui étaient réellement très beaux. Dans la planche où il
les avait semés, et d'où il les avait arrachés, il y en restait encore
environ *un cent;* mais *n'en ayant plus besoin,* on les y avait aban-
donnés, et ils s'étaient élancés pour surmonter les mauvaises herbes
dans lesquelles ils étaient enterrés : ils avaient environ 18 pouces de
longueur, et n'avaient à leur sommet qu'une légère touffe de feuilles
petites et maigres. Je demandai ce plant à mon voisin qui y consen-
tit de suite, mais me dit de ne pas le planter, parce qu'il ne pourrait
rien produire. C'était effectivement un triste plant ; mais comme celui
que j'avais dans mon jardin avait à peine 2 pouces de hauteur, je
l'emportai, et pour le placer, je bêchai entre des rangées de fèves à
fleurs rouges que l'on rame. Je fis un plantoir exprès, pour les enfoncer profondément dans la terre. Mes fèves furent enlevées en
août, et je bêchai soigneusement la place qu'elles occupaient, entre
les rangées des choux. Dans le mois de septembre, mes choux sur-
passaient de beaucoup ceux de mon voisin, et quand on les arracha,
je crois que *dix* des miens auraient pesé *un cent* des siens, ne
comptant que les pommes, et retranchant les troncs. Mais mon voisin
n'avait plus *rien fait* aux siens après les avoir *transplantés.* La terre,
battue par plusieurs fortes pluies, était devenue aussi dure que de la
brique. Toutes les sources de nourriture pour les plantes avaient été

interceptées ; il n'y avait pas eu de nouvelle fermentation, ni d'exhalaisons. »

Mode de plantation.

« Art. 82. Ayant maintenant exposé les raisons qui , j'espère, convaincront tout lecteur qui réfléchit, de la folie *d'attendre une pluie* pour repiquer, n'importe quelle plante, je vais parler de *l'action* de planter. »

«Art. 83. Le trou doit être fait suffisamment profond, et plus profond que la racine elle-même, pour que la pointe de la racine ne soit pas *repliée;* alors, tenant la plante d'une main, la racine placée dans le trou, on enfonce avec l'autre main le plantoir dans la terre à côté du trou , et on incline le plantoir de manière à former un angle aigu avec la plante. On fait pénétrer la pointe du plantoir *un peu plus bas, et au dessous de la pointe de la racine ,* et donnant au plantoir *un petit tour de rotation ,* il presse la terre contre *la pointe* de la racine. Alors la plante est en sûreté , et est assurée de reprendre.»

« Art. 84. Le défaut presque universel en repiquant est que le planteur, après avoir mis la racine dans le trou, retire, avec le plantoir, la terre contre la *partie supérieure* de la racine, et que, s'il presse bien la terre contre le collet de la plante, il croit que le repiquage est bien fait. Mais c'est contre *la pointe* de la racine que la terre doit être pressée, parce que c'est là que se trouvent les *fibres ;* et si elles ne touchent *intimement* la terre , la plante ne réussira pas. J'en ai exposé les raisons dans les art. 51 et 52, en parlant du roulage des semences. Il en est de même dans tous les cas de *repiquage* des plantes, et *de plantation* d'arbres. Les arbres, par exemple, sont sûrs de reprendre, si on *tamise* la terre sur leurs racines, ou si , après l'avoir pulvérisée, on la place avec soin sur les racines , et qu'on l'y fasse bien toucher. Lorsqu'on plante un arbre , et qu'on remplit à la hâte le trou de terre , nous voyons que les racines *sont recouvertes,* et il paraît ridicule de supposer que la terre ne *touche pas* les racines partout ; mais le fait est qu'à moins de prendre les plus grandes précautions, il restera beaucoup de cavités dans la terre, et partout où elle ne *touchera pas* effectivement les racines , ces places des racines *moisiront,* deviendront chancreuses, et par la suite cela ne fera jamais un bon arbre (1). »

---

(1) Voilà pourquoi, quand je plante un arbre , j'y fais toujours répandre 1 ou 2 arrosoirs d'eau (selon sa grosseur). On voit la terre s'affaisser, preuve manifeste que les cavités se comblent. Voilà aussi pourquoi j'écrivais en 1823, en parlant de la transplantation des betteraves : « L'arrosement (qui suit la transplantation) fait affaisser la terre , la serre contre le chevelu des

« Art. 85. Lorsqu'en Angleterre je commençai à faire repiquer mes rutabagas en plein champ, j'éprouvai beaucoup de difficultés pour obtenir de mes planteurs de suivre exactement les instructions que je viens d'exposer. *La pointe du plantoir contre la pointe de la racine !* leur criai-je à tout moment. Comme je ne pouvais pas rester constamment avec mes ouvriers, j'avais l'usage de les visiter de temps en temps ; et pour m'assurer si le repiquage était bien fait, je prenais, par intervalles, la pointe d'une feuille entre le pouce et l'index, et je cherchais à arracher la plante. Si la pointe de la feuille me restait entre les doigts sans pouvoir arracher le plant, alors j'étais sûr que l'ouvrage était bien fait ; mais lorsque, par le bout de la feuille, je retirais toute la plante hors de terre, cela prouvait que l'on n'avait pas serré la terre contre la racine, et que le repiquage avait été mal exécuté. Après avoir ainsi surveillé minutieusement la transplantation d'un champ ou deux, la chose alla d'elle-même, et fut aussi bien exécutée que si je l'eusse fait moi-même. J'employai principalement, à cet ouvrage, des jeunes filles, qui chacune me repiquaient ½ acre par jour (20 ares), et dont je payais la journée 10 *pences* (1 ʳ). J'ai toujours trouvé, dans les jeunes gens, plus de bonne volonté à apprendre et à faire ce que je voulais que dans les hommes faits ; ceux-ci montrent plus de résistance à changer leurs habitudes et leurs vieux usages. ».

Avantages de la transplantation sur le semis.

« Art. 87. Examinons maintenant quelle est la méthode préférable du *semis en place* ou de la transplantation. »

« Art. 88. Premièrement, lorsque la semence est placée dans l'endroit où la plante doit achever sa croissance, le terrain doit être bien préparé, comme nous l'avons vu, art. 40 et 47, *dans le commencement de juin*, pour le plus tard ; mais quand on transplante, on a, pour préparer la terre, jusqu'au *commencement d'août*, comme nous l'avons vu, art. 74 et 75. Cependant, le moment le plus favorable pour la transplantation est vers le 26 de juin, et cela donne un

---

racines, expulse l'air et l'empêche de dessécher ce chevelu qui a tant de ténuité. Je crois que c'est cela, plus encore que l'humidité, qui rend si marqué l'effet de l'arrosement après le repiquage. » On voit que mes principes sont les mêmes que ceux de M. *Cobbett*, mais nous différons, quant à l'effet mécanique de l'arrosement. Si, immédiatement après lui, on remuait la terre, il est bien vrai qu'alors on en ferait du mortier; mais, en ne la remuant pas, cet inconvénient n'a pas lieu, et la terre est serrée contre le chevelu par l'arrosement.　　　　　　　(*Note du traducteur.*)

mois de plus que pour le semis en place. Voilà déjà un grand avantage ; mais il y en a d'autres bien plus importans. »

« Art. 89. Les rutabagas repiqués peuvent succéder à *une première récolte enlevée de la même terre.* Des choux printaniers peuvent déjà avoir été coupés, des pois hâtifs peuvent avoir été cueillis, et plus que cela, le seigle et même le blé et les autres grains, excepté le sarrasin, peuvent être suivis de rutabagas repiqués. J'en ai qui ont succédé à des pommes de terre printanières, à des fèves vertes, à des oignons, et même à du maïs mangé en épis (1). »

« Art. 90. Un autre grand avantage, dans la transplantation, est qu'ensuite on n'a plus de culture à la main, plus de sarclage ; on n'est plus obligé d'éclaircir et d'espacer le plant ; on n'a plus à donner qu'un labour avec la charrue entre les rangées. Voilà un grand point, et qu'on ne doit pas perdre de vue quand on parle du *travail* que la transplantation exige. Les rutabagas dont il est question, art. 72 et 73, n'ont plus reçu de culture subséquente, parce que dans peu de temps ils couvrirent le sol de leurs feuilles. D'ailleurs, on voit pousser peu de mauvaises herbes après le mois de juin ; leur saison est passée, et il n'y a pas un cultivateur qui ne sache que si sa terre est propre à la fin de juillet, il n'aura plus que très peu de mauvaises herbes pendant cet été. »

« Art. 91. Avec le repiquage, on est *assuré* de ne pas avoir de *manques*, d'avoir le nombre de plantes que l'on a déterminé, et toutes régulièrement espacées, tandis qu'avec le semis en place, malgré toutes les précautions, on aura toujours des places vides, soit parce que les semences ne leveront pas, soit parce que, en levant, elles auront été détruites par les insectes, soit souvent, plus tard, en les espaçant, parce que les meilleures auront été coupées par la houe, et qu'il ne sera resté que les plus médiocres. La transplantation obvie à tous ces inconvéniens ; et, une fois faite, il n'y a plus rien à craindre. »

« Art. 92. En finissant cette partie de mon mémoire, je ferai observer qu'un cultivateur ne doit raisonnablement compter sur un succès complet, qu'autant *qu'il a surveillé lui-même sa transplantation,* ou qu'il s'est bien assuré que ses gens connaissent parfaitement leur besogne : négliger *une partie* de l'ouvrage, c'est dans le fait négliger *le tout* ; et l'on ne doit pas perdre de vue qu'une récolte de racines est extrêmement intéressante. Il ne s'agit pas simplement d'en recueillir ; il faut encore les avoir *aussi grosses* que possible,

---

(1) L'auteur a oublié, pour la grande agriculture, l'escourgeon et surtout les vesces d'hiver, coupés en vert.　　　　(*Note du traducteur.*)

car la différence dans le produit est immense , et on ne peut pas s'en procurer de cette espèce sans *un peu de soin,* ce qui , dans le fait , ne coûte *point d'argent.* Une bonne récolte de grosses racines délivre de tous les soucis que l'on a , pendant les mois du printemps , pour nourrir les bestiaux de la ferme , et surtout les moutons , qui n'ont alors rien autre chose à manger. »

Autres détails sur la préparation de la terre.

« Art. 93. Je viens d'exposer les 3 manières de produire une récolte de rutabagas ; je vais maintenant parler de la *préparation* de la terre pour les recevoir. Je suppose que le champ a produit , l'année précédente , une bonne récolte de froment , et qu'il est *en bon état.* »

« Art. 94. Pendant l'automne qui suit immédiatement la récolte du blé , je laboure la terre en billons de 4 pieds (3 pieds 9 pouces). Le labour doit être *très profond ,* les billons bien relevés , et les raies de séparation profondes et bien nettes. Les gelées et les dégels alternatifs ameublissent la terre , et la rendent comme des cendres pour le printemps. En avril , il faut de nouveau labourer la terre *très profondément ,* et former la crête des billons dans la place où étaient les raies. Pour le 1er juin , la terre sera couverte d'une multitude de mauvaises herbes , que l'on enterre par un 3e labour qui replace les billons dans la place exacte qu'ils occupaient pendant l'hiver. Ensuite , dans la 3e semaine de juin , je voiture le fumier dans le champ , et je l'étends dans les raies ; puis je le recouvre par un dernier labour , comme je l'ai expliqué dans l'art. 50. Mais, direz-vous , voilà 4 *labours !* Cela est vrai; mais que coûtent ces labours ? Mon charretier, qui est un nègre natif de NEW-YORK , laboure avec sa paire de bœufs, qu'il conduit lui-même , et *sans toucheur,* 1 acre 1/4 par jour (1/2 hectare), et ses bœufs conservent leur embonpoint , étant nourris avec le rebut des rutabagas que j'envoie au marché. Ces labours sont donc peu coûteux ; ma terre, ainsi retournée 4 fois, se trouve dans un excellent état de pulvérisation , et quelle supériorité n'a-t-elle pas sur un terrain durci et labouré seulement une fois? N'estime-t-on pas d'ailleurs que chaque labour , surtout s'il est profond, équivaut à la 7e partie d'une bonne fumure ? »

« Art. 95. Si , au lieu de la culture en billons, je suivais celle à la volée , je donnerais à ma terre le même nombre de labours , et aux mêmes époques. Je répandrais le fumier sur la terre , immédiatement avant le dernier labour, que je donnerais pour l'ensemencement, et qui l'enterrerait. Si je n'avais qu'une charrue et une paire de bœufs, je ne labourerais à la fois, pour l'ensemencement, qu'environ ½ acre (20 ares); je le herserais; puis, *tout de suite*, je le semerais, et je le roulerais avec un rouleau léger, qu'un petit cheval pourrait traîner aisément, pour *presser* la terre contre les semences, et les recouvrir en même temps. Il ne *faut plus* herser après avoir semé ces sortes de graines; nous ne le faisons jamais en ANGLETERRE; le rouleau les recouvre complétement et suffisamment; et une terre *fraîchement remuée* fournira toujours aux semences, même sous le soleil le plus chaud, *l'humidité nécessaire* pour les faire germer.

» Je semai, une fois, sur billons, avec le semoir de *Bennet*, et je n'employai ensuite ni herse ni rouleau, et je n'usai d'aucun autre moyen pour recouvrir la semence; cependant, les plantes levèrent suffisamment épaisses, et j'eus une excellente récolte de rutabagas. L'été dernier, le 11 août 1818, je semai à HYDE-PARK, à la volée, un champ de navets qui levèrent bien, quoiqu'ils n'eussent été ni hersés ni roulés. Mais je dois ajouter que, dans ces deux circonstances, aussitôt que j'eus semé il survint une pluie qui enterra suffisamment les semences; et ce fut cette pluie qui, remplaçant le rouleau, m'empêcha en réalité de l'employer, car cet instrument ne peut plus marcher dès que la terre *un peu mouillée* colle après lui. Après l'ensemencement de ces sortes de graines, la herse fait toujours du mal; elle enterre les semences *trop profondément*, et elle en détruit ou en rend inutile plus de la moitié. Si la graine se trouve enterrée au delà d'une certaine profondeur, elle y demeure dans un état d'inertie, jusqu'à ce qu'un nouveau remuement de la terre la ramène à la distance nécessaire pour la faire végéter : ou bien la plante poussera, mais elle sortira de terre plus tard que les autres, qui auront pris l'avance sur elle, de sorte qu'elle restera *la plus faible*, et elle n'égalera jamais celles dont les semences, plus rapprochées de la surface, ont reçu plus aisément l'influence de l'atmosphère. »

« Art. 97. Voilà la manière de préparer les terres pour l'ensemencement; celle pour *la transplantation* est justement la même que lorsqu'on veut semer *sur billons*. Comme on transplante plus tard qu'on ne sème, on pourra donner *un labour de plus*, pour ne pas laisser la terre trop long-temps sans être remuée. Mais une chose importante, et que j'aurais dû recommander plus tôt, c'est de ne jamais labourer que pendant un temps *sec*. »

« Art. 98. Mais pourquoi ne pas repiquer les rutabagas *après une* 1ᵉ *récolte*, comme je l'ai mentionné plus haut? Je n'ai pu semer que le 2 juin des pois printaniers que j'avais apportés d'ANGLE-

TERRE; je les ai cueillis durs et presque mûrs le 31 juillet; j'ai ensuite labouré et repiqué des rutabagas, dont quelques uns ont pesé 6 livres. J'avais aussi planté, ce 2 juin, des pommes de terre qui n'étaient pas d'une variété très précoce, et je les ai remplacées, la même année, par des rutabagas qui m'ont donné une récolte abondante. Le fumier que j'avais enterré pour les pois et les pommes de terre a également profité aux rutabagas. »

« Art. 99. Quant à la quantité et à l'espèce d'engrais que j'emploie ordinairement, c'est le même et en même quantité que pour une récolte de seigle ou de froment; je préfère les *cendres*. Cependant, les récoltes si belles que j'ai eues en ANGLETERRE étaient avec du fumier de cour, mis d'abord en tas, et ensuite *retourné* une ou deux fois, comme on le pratique dans ce pays. A HYDE-PARK (ÉTATS-UNIS), le seul engrais que j'aie employé était ce que j'avais pu ramasser dans les cours, dans les écuries, dans les granges, et autour des bâtimens, comme je l'ai dit précédemment. Ce que j'aurais dû faire, et ce que je ferai cette année, ce sera *de la cendre faite avec la terre que je brûlerai*. J'en ai fait, cette année, l'expérience en petit; elle m'a parfaitement réussi, et je la décrirai plus tard. Rien n'est plus aisé à faire, et les matériaux se trouvent partout sous la main. »

Récolte.

« Art. 104. Le moment de la récolte dépend en partie de l'âge du rutabaga, parce que celui semé et transplanté le 1er aura atteint plus tôt sa croissance, et sera mûr avant ceux semés et repiqués plus tard. Mes expériences là dessus ont été nombreuses. Je vais donc, comme je l'ai fait précédemment, dire premièrement *ce que j'ai fait*, et ensuite exposer *ce que j'aurais dû faire*. »

« Art. 105. En ANGLETERRE, on laisse les turneps ou navets, qui cependant sont plus délicats que les rutabagas, pendant tout l'hiver, dans les champs, où les moutons les mangent sur pied; et quand on veut en nourrir les bêtes à cornes et les cochons, on les arrache, presqu'en tout temps, et on les donne aux animaux dans les cours. Mais je savais que, dans l'État de NEW-YORK, les hivers étaient beaucoup plus rudes qu'en ANGLETERRE, et que je ne pouvais pas les laisser dans les champs. Cependant, je me fiai trop au pouvoir des rutabagas de supporter le froid, et je m'y pris un peu tard pour les arracher et les rentrer. »

« Art. 106. Je ne commençai à les arracher que le 13 décembre, et après avoir déjà éprouvé des gelées assez fortes. J'avais fait couper les feuilles rez terre, pour en nourrir les animaux; aussi

nous fûmes obligés d'employer la bêche pour les arracher, parce que
d'ailleurs le pivot avait pénétré profondément dans la terre. Ensuite
nous creusâmes, de distance en distance, des petites fosses carrées,
d'environ 1 pied de profondeur; nous plaçâmes dans chaque fosse
environ 50 *bushels* (17 hectolitres 80 litres) de racines; nous les empilâmes en forme de pyramides, ce qui en éleva le sommet au dessus
du terrain. Nous couvrîmes chaque tas avec une botte de paille de
seigle, et nous recouvrîmes le tout de terre, d'environ 1 pied d'é-
paisseur. Nous eûmes soin de terminer le haut en pointe, pour que
la pluie ne pût pas pénétrer. »

« Art. 107. Nous ne rentrâmes ce jour-là qu'une partie du champ.
Le 14 était un dimanche, et le 15 il plut; mais pendant la nuit, il
survint un coup de nord-ouest accompagné, à l'ordinaire, d'une
forte gelée. Voulant en finir, j'empruntai les ouvriers de mes voisins, qui sont toujours prêts à s'aider mutuellement. Mais j'avais
encore à rentrer environ le produit de 2 acres ½ (1 hectare). La
moitié de mon monde remuait la terre avec la bêche, et le reste
arrachait et empilait. Vers les 10 heures, je jugeai que je n'aurais
pas fini dans la journée, et j'étais menacé d'une forte gelée pendant
la nuit. Pour expédier ma besogne, j'appelai donc à mon aide ces
puissans compagnons de nos travaux, 2 *bons bœufs*, qui, avec une
forte charrue, ouvrirent une raie profonde, le plus près possible des
bulbes, ce qui les mit à découvert d'un côté : alors il fut aisé de les
arracher. N'ayant plus besoin de bêches, je mis tous mes gens à arracher et à empiler. Ainsi, notre besogne, qui n'aurait pas été
achevée dans toute la journée, le fut vers les 2 heures de l'après-
midi. »

« Art. 108. On observera que, lorsque nous empilâmes les rutabagas, ils étaient déjà saisis par la gelée, ainsi que la terre; cependant, ils se conservèrent parfaitement sains, et j'en ai choisi, le
10 avril 1819, que j'ai plantés pour porte-graines. J'ai envoyé, toutes
les semaines, de ces rutabagas au marché de New-York, et j'ai
donné le rebut à mes animaux qui n'en ont jamais laissé un morceau. »

» Art. 110. Environ la moitié de ceux que je rentrai les jours suivans, et qui avaient été gelés trop fortement, pourrit. Un acre
(40 ares) que je ne rentrai pas, et que j'abandonnai dans le champ,
au hasard, tourna, comme presque tous les jeux de hasard, *en
perte totale;* ils pourrirent tous.»

« Art. 111. Cette perte provint de mon manque d'expérience, et
de ce que je ne m'y étais pas pris assez tôt; personne cependant n'est
plus persuadé que moi de la nécessité d'éviter toute espèce de négli-

gence ; mais dans le commencement de décembre , j'avais été obligé de passer plus d'une semaine à New-York. »

« Art. 112. Je viens d'expliquer l'*époque* et *la manière* dont je m'y pris pour faire ma récolte. On voit que la dépense est bien peu de chose : 2 bœufs et 4 hommes en récolteront aisément 2 acres (80 ares), dans une belle journée de la fin de novembre. Aussi , il est étonnant qu'on ne fasse pas de même, en Angleterre , pour les turneps, dont on perd souvent une grande partie par la gelée. J'y ai eu , en 1814 , les 2/3 de mes rutabagas pourris par la gelée , et quelques uns pesaient 12 livres. En outre , en les arrachant pendant *un beau temps ,* et avant que les gelées et les dégels arrivent , la terre ne s'y attache pas ; ils sont propres, nets , et bons à être donnés aux animaux ; mais si on les arrache au printemps , ils sont pleins de boue , et , en outre , on pétrit et on abîme la terre , soit avec les voitures quand on les sort , soit avec les pieds des animaux quand on les fait manger sur place. Mais , en Angleterre , pourquoi ne pas les arracher et les enlever en octobre , et y semer immédiatement du froment ? Je reviendrai sur ce mode d'assolement. »

« Art. 113. Dans tous les États-Unis d'Amérique , et dans celui de New-York , où tous les automnes sont si beaux , où depuis le milieu d'octobre jusqu'à la fin de novembre , à l'exception de 1 jour de pluie sur 15 , tous les autres jours ressemblent aux plus belles journées de printemps d'Angleterre , dans un pays où l'on ne sait pas ce que c'est qu'une raie d'écoulement , avec un sol aussi facile à travailler, et avec un climat pareil, on n'est pas embarrassé pour les récolter par un temps opportun. Je ne le ferais certainement qu'en novembre , puisque nous avons vu qu'un peu de gelée ne leur fait point de tort , et alors ils ont le temps de mûrir. Je ne les arracherais que lorsqu'il ferait bien sec. Je ferais mes pyramides d'environ 50 *bushels* (17 hectolitres 84 litres), et lorsque les froids approcheraient , j'entends les fortes gelées, je couvrirais avec de la paille , ou des tiges de maïs , la quantité de tas dont je croirais avoir besoin en janvier et février. Cette couverture serait suffisante contre le froid ; et n'étant jamais collée par la gelée, elle me mettrait à même de faire prendre en tout temps , avec les chariots , la quantité dont j'aurais besoin. Il est inutile et dangereux d'en rentrer à la fois une trop grande quantité , que l'on place dans des granges ou dans quelque bâtiment non occupé. Les fortes gelées les y attaqueraient , s'ils n'étaient pas couverts ; il est vrai qu'on peut aisément le faire avec de la paille ; mais il est encore plus aisé de les empiler dans le champ , comme je l'ai expliqué , et de n'en rentrer , à la fois, que ce que l'on peut en consommer dans la semaine. »

« Art. 114. Un des avantages de la culture du rutabaga est que
son semis et sa transplantation n'ont lieu qu'après que tous les grains
de printemps, et même le maïs, sont mis en terre, et avant que la
moisson commence. Ensuite ; sa récolte n'a lieu qu'après celle de
toute espèce de grains, même du sarrasin, et aussi après que les
grains d'hiver sont semés. Ainsi, il paraîtrait que la culture du rutabaga viendrait, aux États-Unis, *si à propos* pour utiliser les momens où les cultivateurs ne sont pas occupés. Mais si, pendant ces
momens, ils préfèrent rester les bras croisés, s'ils se résignent à en-
tendre leurs moutons crier la faim pendant les mois de mars et d'avril,
ou même à se priver de ces animaux et à n'avoir que quelques bêtes
à cornes, quelques cochons, et par conséquent peu de voitures de
fumier, si au printemps ils préfèrent faire plusieurs milles pour aller
aux embarcadères chercher des cendres de New-York, qu'on leur
vend fort cher, si enfin telles sont leurs idées, alors, certainement,
j'aurai perdu mon temps à écrire ce mémoire pour eux. »

« Art. 121. Mais, pour revenir à mon sujet, je puis assurer que
je ne crains pas *de mauvaises saisons*, pas même *la sécheresse*, qui
est ce qu'il y a de plus à redouter dans ce pays. Donnez-moi une terre
qui soit assez profonde pour que je puisse labourer à 10 ou 12 pouces de profondeur, alors, en laissant à mes billons la même largeur
qu'aux rangées de maïs (3 pieds 9 pouces de France), afin de pouvoir labourer les intervalles, je défie le soleil le plus ardent de brûler ma récolte. J'ai rapporté plus haut l'expérience de M. *Curwen*,
ou plutôt de *Tull*, car c'est lui qui est l'auteur de toutes les décou-
vertes de ce genre. Que ceux des cultivateurs qui voudront s'en assurer essaient de laisser un bout de champ *sans être labouré*, depuis le mois de mai jusqu'à celui d'octobre ; qu'à côté *ils labourent
profondément, et pulvérisent bien* tous les 10 ou 15 jours un autre
morceau du même champ ; et toutes les fois qu'il y aura une quinzaine
de jours de forte sécheresse, et pendant le moment le plus chaud,
qu'ils creusent un trou dans chacun des 2 terrains, alors, s'ils ne
trouvent pas la terre du champ *non* labouré aussi sèche que de la
cendre, et celle de l'autre champ moite et humide ; alors, dis-je,
ils pourront s'assurer que je ne connais rien en agriculture, tant est
erronée l'opinion générale, que *labourer pendant la sécheresse c'est
brûler la terre.* »

« Art. 122. Aussi, d'après ce fait dont je suis convaincu par de
nombreuses expériences, je ne manquerais pas, si j'éprouvais une longue sécheresse, de donner à mes rutabagas, pendant leur croissance,
1 ou 2 labours *additionnels*. Voilà tout le secret ; et avec cela je ne

crains quelque sécheresse que ce soit sous le soleil brûlant d'Amérique. »

« Art. 123. Mais pourquoi tant insister sur l'effet des labours
pendant la sécheresse, dans un pays où l'on cultive le maïs? Quel est
celui, dans ce pays, qui n'a pas vu un champ de maïs paraître jaune
et souffrant, et qui peut-être 4 jours après, en repassant près du
même champ, ne l'a pas retrouvé d'un vert foncé, quoique dans
cet intervalle de temps il ne soit pas tombé une goutte de pluie? Ce
changement surprenant n'avait cependant été produit que par *la
charrue*. Pourquoi donc la même cause ne produirait-elle pas toujours les mêmes effets? *Plus profond* sera le labour, plus grand sera
le résultat, parce qu'il y aura une plus grande masse de terre qui
fournira des exhalaisons, et qui recevra en retour les émanations de
l'atmosphère. M. *Curwen* cite une pièce de choux à vaches qui, en
juillet, pendant une grande sécheresse, paraissait jaune et bleue,
et qu'il croyait presque perdue. Il la fit labourer; et un de ses voisins qui l'avait vue le lundi, lorsque la charrue y entrait, voulait à
peine en croire ses yeux, lorsqu'il la vit le samedi suivant, la sécheresse ayant continué pendant toute la semaine. »

« Art. 124. Ces labours d'été ne sont réellement rien dans ce
pays; la terre est si légère, et alors en si bon état, qu'elle est dé-
placée et replacée avec la plus grande facilité. J'employai, pendant
l'été dernier, à ces labours, un cheval qui n'était pas fort; mais un
bœuf serait *meilleur* pour ce genre d'ouvrage. Alors, on lui mettrait
un *collier* avec deux traits, ou un *joug* court, avec également deux
traits. *Tull* recommande le joug; et je l'essaierai pour la culture du
maïs et celle des turneps; il recommande aussi de museler le bœuf,
pour l'empêcher de manger les plantes (1).

» Le cheval, serait-il assez fort, n'est pas aussi *régulier* que le
bœuf, qui, en outre, est plus patient; et l'on peut *enfoncer* le soc
tant que l'on veut, sans éprouver les arrêts et les secousses que
donne le cheval en s'élançant, lorsqu'il éprouve de la résistance.
Quant au pas *lent* du bœuf, c'est le vieux conte de la tortue et du
lièvre. Si en Angleterre j'avais connu le bœuf et l'usage que l'on
peut en tirer, comme je l'ai expérimenté aux États-Unis, j'aurais

---

(1) Il doit être extrêmement pénible pour le bœuf d'être muselé pendant
les grandes chaleurs; il ne peut plus tirer la langue ni respirer aisément. Il
vaut beaucoup mieux lui mettre le museau dans un petit panier à claire-voie,
que l'on attache aux cornes avec 2 bouts de ficelle. Une manière encore
meilleure, et que j'ai donnée à l'Institution agronomique de Grignon, est de
faire, avec un bout de planche, 2 ronds de 6 à 7 pouces de diamètre, avec

épargné tous les ans quelques centaines de livres *sterling* (ou quelques milliers de francs). J'aurais dû suivre les conseils de *Tull* dans ceci, comme dans toute sa manière de cultiver. A la vérité, il est difficile, en ANGLETERRE, de décider un charretier à conduire des bœufs ; mais dans l'île de NEW-YORK, la chose se fait si parfaitement et si aisément, que toutes les fois que j'en étais témoin, j'en étais toujours émerveillé. Voir un de ces Américains aller, au soleil levant, dans la pâture ou dans le verger, dans lequel sont ses 2 bœufs, les appeler chacun par son nom, et les faire venir à lui, au moyen d'un épi de maïs dont il récompense leur obéissance, leur poser sur le cou le joug qu'il tient à la main, les conduire devant lui dans le champ où est la charrue, accrocher simplement la chaîne de la charrue à l'anneau du joug, et alors, avec ce seul joug et cette seule chaîne, sans rênes, sans licou, sans bride, sans traits, sans toucheur, se mettre à labourer, et labourer 1 acre ½ dans sa journée (6o ares) ; voir cela, n'y a-t-il pas de quoi faire ouvrir de grands yeux d'ébahissement à un Anglais, surtout quand il se retracera les dépenses excessives et les difficultés pour harnacher et conduire un attelage de chevaux en ANGLETERRE ? »

« Art. 125. Voilà la manière dont je m'y prendrais, et que je veux employer par la suite, pour défendre mes plantes de l'effet des *sécheresses*. Et comme tout le monde a les mêmes moyens à sa disposition, personne ne doit être effrayé de ne pas avoir de pluie. C'est *un soc bien luisant*, plutôt que la pluie, qui est nécessaire. Avec ce mode de culture, on ne doit jamais douter de la réussite de la récolte ; et quand elle ne se monterait qu'à 5oo *bushels* par acre (446 hect. 15 lit. par hectare), quelle est la récolte de grains qui vaut la *moitié* ? »

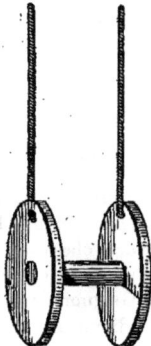

un trou de ¾ de pouce dans le centre. Ces 2 ronds forment 2 très grandes bossettes de bride, et ils sont réunis par un mors qui est, tout simplement, un bois rond, de 1 pouce de diamètre, emmanché aux 2 bouts dans les bossettes. Une grosse ficelle passée dans un trou fait à l'extrémité de chacune des bossettes remplace la têtière de bride et tient ce mors suspendu aux cornes. Ce mors ne gêne pas plus le bœuf qu'un mors ordinaire, et la grandeur des 2 ronds, ou bossettes, l'empêche de pouvoir saisir l'herbe. Je mettais toujours ce mors à mes bœufs lorsque je labourais une terre herbue, ou lorsque je plantais des pommes de terre derrière la charrue.

(*Note du traducteur.*)

« Art. 126. Mais dans un champ *semé à la volée*, le poids de la récolte peut être considérablement diminué par *la sécheresse*, parce qu'alors la charrue ne peut pas remplacer la pluie. La terre sera sèche, et se maintiendra sèche, pendant la sécheresse, comme je l'ai dit plus haut, art. 121, de la partie du champ qui n'a pas été labourée. Les mauvaises herbes contribueront aussi, par leurs racines, à absorber le peu d'humidité de la terre. *Quant à la houe à main*, elle pourra bien, à la vérité, empêcher les mauvaises herbes de croître, et causer quelques exhalaisons, mais qui seront bien minimes. Une sécheresse un peu longue donne, au rutabaga non cultivé, une teinte *bleuâtre ;* et quand cela a eu lieu, toutes les pluies qui viendront ensuite, et le temps le plus favorable, ne produiront jamais une bonne récolte, parce que la charrue ne pourra pas marcher dans cette scène de désordre : c'est là une des principales raisons qui font donner la préférence à la culture *en billons.* »

Emploi.

« Art. 127. Il est plus difficile d'indiquer l'animal auquel le rutabaga ne convient pas, que celui auquel il plaît. Il est mangé avec avidité, étant cru, par les moutons, les bêtes à cornes et les cochons ; étant bouilli, ou ce qui vaut mieux, cuit à la vapeur, je n'ai jamais trouvé de *chien* qui l'ait refusé. Les volailles de toute espèce s'en accommodent bien. Il y a même des chiens qui le mangent *cru*, et ce qui me l'a fait connaître, c'est d'avoir vu le chien de mon berger en manger dans le champ avec les moutons. J'ai deux épagneuls qui viennent en manger dans la grange où on le coupe. Quelques chevaux vivront presque entièrement de rutabagas ; mais d'autres ne les aiment pas autant. »

« Art. 128. Je vais dire ce que j'en fais dans ce moment (en avril.) »

« Art. 129. Je ne prétends pas que, *mesure pour mesure*, le rutabaga vaille, pour les bestiaux, *le maïs en épis.* En conséquence, comme je peux acheter du maïs en épis 1/2 dollar le *bushel* (36 lit. 92 cent. pour 2 f 50c), et comme je vends à NEW-YORK le *bushel* de rutabagas 1/2 *dollar,* ou le même prix que j'achète le maïs, je n'aime pas à donner mes rutabagas à mes bestiaux ; et, dans le fait, je ne leur donne jamais ceux que je puis vendre, mais seulement ceux qui sont avariés, ayant été récoltés trop tard, comme je l'ai dit plus haut. Voici comme je rationne ces racines avariées. »

« Art. 130. Deux fois par jour, j'en prends environ 2 *bushels* (73 lit. 84 cent.), que j'étends sur une pâture, pour 15 brebis qui ont des petits, quelques moutons et 7 cochons déjà forts, qui tous mangent ensemble. Une fois par jour, je répands, dans la cour de la ferme, ce qui a été rebuté dans le triage des rutabagas que j'envoie au marché, ainsi que les feuilles et les troncs de choux, les panais et autres choses semblables. Tout le bétail, bœufs de travail, vaches, cochons, moutons, volailles, mange en commun. Tous sont en excellent état. Les vaches n'ont pas d'*autre* nourriture ; les bœufs de travail ont un peu de foin deux fois par jour ; les brebis, un épi de maïs chaque ; les petits cochons n'ont rien que les rutabagas; les poules, les canards et les dindons, n'ont rien de plus. »

« Art. 131. Je *sèvre* dans ce moment des petits cochons, et tous les habitans de la campagne savent que cela ne se fait qu'avec du *lait* et du *grain moulu.* Je n'ai ni l'un ni l'autre. Je donne, par jour, à 7 petits cochons, 3 seaux de rutabagas *bouillis,* n'ayant pas encore de chaudière montée pour les cuire à *la vapeur,* et deux repas de *maïs en épis ;* et avec ce régime, que j'augmenterai à proportion de leur croissance, je compte bien que, lorsqu'ils sortiront de l'étable, ils seront aussi gras que lorsqu'ils y sont entrés. Si cela se réalise, on n'aura encore rien vu de semblable aux États-Unis. Nous savons tous combien il est important, pour sa crue future, qu'un petit cochon soit *bien sevré.* La première personne peut le sevrer sans *lait* et sans *grain moulu,* mais alors son petit cochon ne vaudra absolument rien ; il restera 3 mois sans croître d'un pouce, et ensuite il ne profitera jamais bien. Pour avoir du lait, il faut avoir des vaches, et les vaches sont des gouffres qui consomment immensément. En outre, il faut avoir quelqu'un pour les soigner et les traire, et on sait combien la main-d'œuvre est chère en Amérique. Vous ne pouvez pas avoir de grain *moulu* sans le partager largement avec le meûnier; et avoir, en outre, la peine et la perte de temps, quelque pressé que l'on soit, de le conduire au moulin et de l'en rapporter. »

« Art. 132. La difficulté que l'on éprouve à nourrir les truies qui ont des petits, et ensuite de sevrer ces derniers, est un des grands obstacles d'amélioration ; car, après tout, quel est l'animal qui produit une viande égale à celle du cochon, que l'on puisse employer en tout temps, fraîche ou salée, et aussi bonne ? Le cochon peut être mangé à tout âge ; il s'engraisse promptement ; il est bon n'étant qu'à moitié gras. Quand on le veut, il est susceptible d'acquérir une énorme quantité de graisse. Il ne lui faut, pour être logé, que bien peu d'espace. Cependant, malgré tous ces avantages, si pendant sa vie si courte il faut que son principal aliment soit du *lait* et du *grain,* le cochon ne pourra se multiplier que peu, parce qu'une ferme ne peut pas en élever *avec profit* au delà d'un certain nombre. Mais si, en cultivant une quantité suffisante de rutabagas, on

peut élever 100 petits cochons par année , et les entretenir en chair
jusqu'à ce que , bons à être mis dans l'étable pour être engraissés ,
ils vaillent 15 *dollars* pièce (75 f), alors cela vaudra la peine d'y
donner des soins, et la ferme *se bonifiera* par le fumier. Le rutabaga,
désentassé en avril , se conservera, bon et sain , pendant tout l'été ;
et si l'on a un verger ou une prairie entourée où il y ait de l'eau ,
une bonne race de cochons s'y maintiendra toujours en bon état et
en bonne chair pendant cette saison (1). »

« Art. 134. Comme en Angleterre on donne assez ordinairement
le nom de *turneps* (navet) au rutabaga , on le regarde , en conséquence , comme un navet , et on le confond avec lui, tandis qu'il n'y
a rien de plus dissemblable. Le turneps ordinaire (le navet blanc)
est une racine bien médiocre , la moins substantielle de toutes les
plantes bulbeuses que l'on cultive en plain champ , tandis que le rutabaga , tout bien considéré, en est peut-être la meilleure. Il ne perd
rien de sa bonté étant conservé long-temps. Un de mes amis , en
ANGLETERRE , avait gardé, pour *semence* , un champ assez considérable de rutabagas ; et après avoir récolté la graine , il jeta , par
hasard , quelques unes des racines dans la cour de ses animaux , et
il vit que les cochons mangeaient avec avidité ces racines qui avaient
produit leurs semences. Il leur en jeta d'autres qu'ils mangèrent toujours avidement. Alors , il acheta un troupeau d'environ 40 cochons ,
déjà d'une bonne taille , mais maigres , qu'il renferma dans sa cour.
Il leur fit voiturer les bulbes de ses rutabagas porte-graines ; et au
bout de quelque temps , et sans leur avoir donné aucune autre sorte
de nourriture , il les vendit comme cochons *gras*. C'est un fait bien
constaté, que les moutons et les bêtes à cornes , aussi bien que les
cochons, s'engraissent avec cette racine , après qu'elle a porté sa semence , et c'est ce que je ne crois pas qu'on puisse dire d'aucune
autre plante bulbeuse. »

« Art. 135. En Angleterre , on fait souvent consommer les rutabagas par les moutons , qui les mangent sur place , et sans être arrachés , comme les turneps. »

« Art. 136. Dans ce pays , on conduit ordinairement les moutons
dans les champs de rutabagas , et ils commencent par manger les
feuilles. Lorsque l'on coupe celles-ci , et qu'on les voiture au logis ,

(1) *Arthur Young* a éprouvé que les prairies artificielles, surtout celles
de trèfle, valaient mieux, pour les cochons, que l'herbe naturelle. On peut
consulter, avec fruit, ses expériences sur les cochons (vol. XIII, p. 187 du
Cultivateur anglais), lesquelles lui ont mérité le prix de la Société d'Encouragement de Londres.　　　　　　　　　　　　　　(*Note du traducteur.*)

on les donne, la plupart du temps, aux cochons déjà forts, et aux bêtes à cornes maigres. Avant d'arracher mes rutabagas, j'en coupe les feuilles; et je les donne aux bêtes à cornes que j'engraisse à l'herbe, alternativement avec du maïs. De cette manière, les feuilles sont employées avec facilité et avec profit; elles arrivent justement comme les herbes finissent. Un acre (40 ares) produit environ 4 bons chariots de feuilles; on les récolte fraîches, à mesure qu'on en a besoin, et les bulbes se trouvent prêtes à être empilées. Les petits cochons, les moutons et les bêtes à cornes sont aussi avides des feuilles que des bulbes ; mais essayez de leur donner des feuilles de *navets* ordinaires ; s'ils y touchent, ils auront changé de nature, ou au moins de goût. »

« Art. 137. Les racines de disettes ou betteraves blanches, les choux, les carottes et les panais sont tous très utiles ; le panais, surtout, est une très bonne racine ; mais celle *par excellence* est le rutabaga. Le turneps (navet blanc), tout inférieur qu'il est, pouvant *se semer plus tard*, peut, étant bien cultivé, devenir très utile. Mais, me réservant de donner par la suite le détail de mes expériences sur ces différentes plantes, je vais indiquer la valeur d'une récolte de rutabagas, comparée à celle des autres plantes. J'observerai seulement qu'ici, près de New-York, j'ai eu de plus belles carottes, panais, betteraves, et même de plus beaux choux, que je n'en ai jamais récolté dans la terre la plus riche du Hampshire (Angleterre), quoique je n'eusse pas semé une seule graine avant le mois de juin. »

« Art. 138. Je crois qu'une bonne manière de faire cette estimation comparative, c'est d'expliquer comment *j'agirais*, si, ici, aux États-Unis, j'étais propriétaire d'une ferme de 100 *acres* (40 hectares). »

» Si mon verger, près de la maison, ne contenait pas 12 *acres* (4 hect. 80 a.), je compléterais ces 12 *acres* par un terrain adjacent que je mettrais en herbage, et j'entourerais le tout d'une barrière capable de retenir le plus petit cochon aussi bien que mes bœufs. »

« Art. 139. J'aurais 15 *acres* (6 hect.) de maïs bien planté, bien cultivé, dont les rejetons seraient ôtés avec soin ; enfin, bien soigné sous tous les rapports. Des labours profonds entre les rangées lui feraient rendre 40 *bushels* par *acre* de maïs en grain (35 hect. 69 lit. par hectare), et *un tonneau* par *acre* (5,188 livres par hectare) de feuilles de maïs séchées, pour mes 4 bœufs de trait, mes 3 vaches, et pour mes moutons et cochons dont je parlerai présentement. »

« Art. 140. J'aurais 12 *acres* de rutabagas (4 hect. 80 a.);

3 *acres* (1 ʰᵉᶜᵗ· 20 ᵃ·) de choux printaniers ; 1 *acre* (40 ares) de betteraves blanches ; 1 *acre* (40 ares) de carottes et de panais , et autant de navets que pourraient en produire mes 15 *acres* de maïs , et que je sèmerais entre les rangées , après le dernier labour pour le maïs. »

« Art. 141. Avec ces 32 *acres* (12 ʰᵉᶜᵗ· 80 ᵃ·) de récoltes sarclées , je ne serais pas embarrassé pour entretenir ma ferme de viande , de beurre et de lait , et pour vendre , en outre , 3 bœufs engraissés , dont je conserverais un quartier de chacun , pour l'usage de la maison ; plus , 100 agneaux gras , 100 cochons pesant chacun 240 livres (222 livres 5 onces), et 100 brebis grasses. Ces ventes me donneraient environ 3,000 *dollars* (15,000 ᶠ), en déduisant le prix d'achat des 3 bœufs et des 100 brebis. J'espère bien que le produit des arbres de mon verger (pour faire du cidre), et les autres 56 acres de ma ferme (22 ʰᵉᶜᵗ· 40 ᵃ·) rapporteront de quoi payer l'intérêt de mon argent et la main-d'œuvre , car, pour les *contributions*, ce que l'on en paie , aux ÉTATS - UNIS , ne vaut pas la peine d'être mentionné , surtout après le sublime spectacle en ce genre que nous donne l'ANGLETERRE. »

« Art. 142. On voit que je n'estime pas mes récoltes au prix que je peux les vendre à NEW-YORK. Lorsqu'on a un marché aussi considérable à une aussi petite distance et avec la meilleure route possible , on fera bien de les y vendre (1). Mais je suppose que toutes mes racines sont mangées sur la ferme par différentes espèces d'animaux que je vends ensuite. »

« Art. 143. Voici comment je ferais consommer mes récoltes. Je commencerais au 1ᵉʳ février, car, jusque-là , les rutabagas n'ont pas encore acquis leurs qualités. C'est comme une pomme tardive , à laquelle il faut donner le temps de mûrir ; mais le rutabaga se conserve sain bien plus long-temps. J'ai éprouvé , principalement en nourrissant les cochons , que le rutabaga ne sera parfaitement nutritif que lorsqu'il aura acquis sa maturité. Aussi , dès les 1ᵉʳˢ jours de février , je commencerai à le faire consommer de la manière que j'ai expliquée plus haut. Mes 3 bœufs, qui auront été mis en bon état par les autres alimens dont je vais parler , seront alors *attachés* dans une étable , dont la mangeoire donnera dans une de ces granges si commodes , que l'on a dans cette île. L'étable sera *chaude* ; les bœufs seront nettoyés fréquemment , et auront une bonne litière. Je couperai , avec une bêche , les rutabagas en assez gros morceaux , et

---

(1) On fera bien aussi d'en rapporter des engrais en retour.

(*Note du traducteur.*)

j'en mettrai, dans leur mangeoire, environ 2 *bushels* (71 ^{lit.}), par jour, par bœuf. Avec cela, je suis sûr de les engraisser complétement, sans maïs, sans foin, et sans autre nourriture. J'en tuerai probablement un à Noël; et celui-là n'aura pas fini sa graisse avec le seul rutabaga, mais en outre avec du grain. Si je tue un des deux autres à la mi-mars, et le dernier à la fin de mai, ils auront mangé 266 *bushels* de rutabaga (95 ^{hectol.}). »

« Art. 144. Mes 100 brebis auront aussi commencé, au 1er février, à manger des rutabagas; et comme, avant d'avoir fauché mes prairies, je n'ai en pâturage que mes 12 acres de verger (4 ^{hect.} 80 ^{a.}), je continuerai à leur donner des rutabagas jusqu'en juillet, et je suis sûr qu'elles les mangeront toujours de bon appétit, et qu'elles s'engraisseront : elles en mangeront chacune environ 8 livres par jour (7 livres 6 ½ onces), de sorte que les 150 jours demanderont 120 mille livres pesant (111,172 livres), ou 2,400 *bushels* (856 ^{hectol.} 60 ^{lit.}). »

« Art. 145. *Quatorze* truies portières, que je conserverai toute l'année, me donneront au printemps 100 petits cochons : les mères et les petits consommeront, pendant ces 150 jours, à peu près la même quantité de rutabagas, car, quoique très petits alors, ils mangent beaucoup plus que les moutons, proportionnellement à leur grosseur. Cependant, comme ils consommeront peu pendant les deux 1ers mois, j'ai peut-être porté l'estimation trop haut. »

« Art. 146. *Trois* vaches et 4 bœufs de travail consommeront, pendant ces 150 jours, environ 1,000 *bushels* (357 ^{hectol.}), ce qui sera plus que suffisant, parce que, pendant une portion de ce temps, ils vivront, en grande partie, de tiges de maïs, et il en sera de même, jusqu'à un certain point, pour les moutons (1). Mais j'ai porté aussi haut mon estimation, parce que je veux que tous mes animaux soient nourris copieusement. »

« Art. 147. Il faudra donc que chacun de mes 12 *acres* de rutabagas me rapporte 500 *bushels* (178 ^{hectol.} ½ par *acre*, ou 446 ^{hectol.} par hectare); et pourquoi ne les aurais-je pas, puisque cette année, et avec des circonstances aussi défavorables que celles que j'ai énumérées, j'ai eu 640 *bushels* par *acre* (228 ^{hectol.} 42 ^{lit.} pour 40 ares, ou 571 ^{hectol.} par hectare). Je pose donc en fait, qu'avec une culture semblable à celle que l'on donne au maïs, 1 acre de terre (40 ares), sur lequel le maïs pourra croître, donnera,

---

(1) On commence aux Etats-Unis à couper par morceaux les tiges de maïs et à les cuire *à la vapeur*, ce qui en fait une très bonne nourriture.
(*Note du traducteur.*)

dans cette île, 500 *bushels* par *acre* de rutabagas (446 $^{hectol.}$ par hectare). »

« Art. 148. Nous voici au 1er juillet : mes bœufs sont engraissés et vendus ; le dernier de mes agneaux a été vendu, il y a plus d'un mois ; mes petits cochons sont sevrés, et sont d'une bonne grosseur, et mes rutabagas sont finis. Mes brebis, qui, bien nourries pendant l'hiver, ont toujours été en bonne chair, seront bientôt grasses sur mes 12 *acres* de verger (4 $^{hect.}$ 80 $^{a.}$) et dans les prairies après la coupe des foins ; et de plus, mes 3 *acres* (1 $^{hect.}$ 20 $^{a.}$) de choux printaniers maintenant sont bons à être coupés, ou plutôt arrachés. Le poids de ces choux peut devenir bien considérable par une bonne culture (1). Un acre de terre (40 ares) contiendra 10,000 choux repiqués par rangées espacées de 4 pieds (3 ^{pieds} 9 $^{pouc.}$) : chaque chou doit peser au moins 3 livres (2 livres $^3/_4$). J'ai dit plus haut combien il serait avantageux de faire suivre les choux par des rutabagas *transplantés* pendant tout juillet et août. Mais quelle récolte de sarrasin n'aurait-on pas après les choux arrachés en juillet ! Mes choux, avec mes prairies après les foins faits, avec mes champs après les récoltes enlevées, et 40 ou 50 chariots de feuilles de rutabagas, me meneront aisément jusqu'en décembre ; car mes brebis ont été vendues grasses en juillet ; mes cochons auront seulement besoin d'une nourriture plus copieuse, et les 100 nouvelles brebis ne doivent pas être aussi abondamment nourries que si on les mettait à l'engrais, ou que si elles avaient des agneaux à nourrir. »

« Art. 149. Depuis le 1er décembre jusqu'au 1er février, les betteraves blanches et les navets suffisent pour les moutons, les bêtes à cornes et les truies portières, car ces dernières se nourrissent fort bien avec les betteraves ; et mes 100 jeunes cochons s'engraisseront plus qu'à moitié avec les carottes et les panais. Mais probablement que je conserverai les panais pour le printemps (2), et que dans les 15 premiers jours de décembre, et même pendant tout le mois, je donnerai alternativement des carottes et du maïs aux cochons que je voudrai engraisser. Ils ne demanderont, chacun, que 3 *bushels* de maïs (1 $^{hectol.}$ 7 $^{lit.}$) pour compléter leur graisse. Mes 100 *bushels* restans (107 $^{hectol.}$) seront pour les truies qui allaiteront, pour les brebis, pendant le temps de la pluie, et autres cas accidentels. »

---

(1) *Arthur Young* prétend que c'est la récolte la plus pesante que l'on puisse enlever de la terre. (*Note du traducteur.*)

(2) Les panais et les topinambours passent l'hiver en terre sans être gâtés par la gelée. (*Ibid.*)

« Art. 150. Ainsi, je pourrai vendre tout mon *foin*, mon *avoine*, mon *froment* et mon *seigle*, et je ne conserverai que la paille pour litière. Ces quatre objets me rapporteront sûrement de quoi couvrir l'intérêt de mon argent ou la rente de la terre, et les gages des ouvriers. Si on me dit que je n'ai pas porté en compte les cochons, les moutons et les agneaux mangés à la maison, je répondrai que je n'y ai pas porté non plus les 100 petits cochons que les 14 truies donneront pendant l'*été*, et qui vaudront bien 200 *dollars* (1,000^f). La volaille demande aussi de *la nourriture*, mais les *soins* à lui donner sont la partie la plus essentielle; et, si je n'ai pas chez moi une personne qui y soit propre, j'en aurai moins, et par conséquent, j'aurai moins de bouches à nourrir. »

« Art. 151. Mais *vos chevaux*, direz-vous, ne mangeront–ils ni foin ni avoine? Non; car je n'ai pas besoin de chevaux. Vous n'irez donc jamais voir vos voisins? Pardonnez-moi, j'irai les voir; mais, si pour le faire, je veux avoir un cheval, je ne dois pas faire supporter cette dépense *à la ferme*. Si un marchand gagne par an 10,000^f, et qu'il dépense dans l'année ces 10,000^f, dira-t-il, parce qu'il ne lui reste rien, que son commerce ne lui a rien rapporté? Lorsque des personnes, qui n'ont pas encore cultivé, se mettent à le faire, et qu'elles y perdent de l'argent, elles oublient que ce ne sont pas des dépenses *pour la ferme* qui ont été la cause de cette perte. Alors ce sont les maîtres qui coûtent à la ferme, et non la ferme aux maîtres. Une famille peut avoir des chevaux pour son agrément, pour aller visiter des amis et pour se rendre à l'église; mais je dis que le fourrage que mangent ces chevaux, et les gens que l'on paie pour les soigner, ne doivent pas être portés au compte de la ferme. »

« Art. 152. J'ai mentionné les brebis, et particulièrement les *agneaux*, comme formant une portion considérable de mes animaux; mais je ne sais pas trop si j'en aurais au delà du nombre nécessaire pour la consommation de la maison. Les *cochons* sont l'espèce de bétail la plus avantageuse, si on produit une assez grande quantité de la sorte de nourriture qui leur *profitera le mieux*. Ils mangent salement, mais ils ne choisiront jamais un objet qui ait peu de qualités nutritives. Ce sont eux qui, dans le monde entier, savent le mieux juger de la bonté des alimens, depuis un navet jusqu'à une pièce de bœuf. Ils préféreront la viande aux grains, et la viande cuite à la crue. Ils laisseront un panais pour du maïs ou du grain, une carotte pour un panais, et un rutabaga pour une carotte. Ils laisseront un chou pour un rutabaga, une betterave blanche pour un chou, et une pomme de terre crue pour une betterave. Quant aux navets, ils n'y toucheront pas, à moins d'être trop pressés par la faim. Ils sont, comme je l'ai déjà dit, les meilleurs appréciateurs des alimens. On peut être assuré que l'objet qu'ils mangent est *le plus substantiel* de tous ceux à leur portée. Le panais est la racine la plus succulente; mais sa semence reste long-temps en terre. La manière de la semer, et les cultures postérieures, demandent un soin minutieux. Avec une bonne culture, la récolte en sera considérable; mais, comme récolte *principale,* je préfère le rutabaga dont le poids est immense, et dont la récolte, la conservation et l'usage sont si faciles. »

Dans la deuxième partie de son Mémoire, M. *Cobbett* ajoute .

« Art. 227. On sème toujours *trop épais,* et cela provient de ce que les semences sont presque *de la couleur de la terre.* Pour me garantir de cet inconvénient, j'ai adopté, cette année, une méthode qui m'a parfaitement réussi. J'ai trempé la semence dans de l'eau, pour la mouiller, et ensuite, afin de la blanchir, je l'ai roulée dans de la craie pulvérisée; ainsi mes semences, au lieu d'être *noires,* sont devenues *blanches* (1). »

« Art. 228. Dans mes instructions sur la manière de repiquer les rutabagas, j'ai omis une chose essentielle; c'est, en mettant le plant dans la terre, d'avoir grand soin de ne pas enterrer *le cœur* de la plante (2). J'ai observé combien il était nécessaire *de fixer* fermement la plante dans la terre; mais comme l'ouvrier auquel il a été recommandé strictement de l'affermir s'inquiète peu de la manière dont

_____

(1) Les semences de carottes sont plus d'un mois en terre avant de lever; les panais sont aussi très long-temps, de manière que les mauvaises herbes prennent le dessus, et c'est ce qui fait que le 1er sarclage est si dispendieux, parce qu'on a peine à voir les plantes qui sont enterrées dans les herbes. Pour parer à cela, je fais tremper dans de l'eau les semences de carottes, panais, betteraves, etc., pendant plus ou moins de jours, selon la nature de la semence, et jusqu'à ce que le germe *commence à se montrer;* alors je laisse égoutter l'eau, et j'imbibe bien les semences d'huile de chenevis, ou encore mieux d'huile de poisson, dont l'odeur nauséabonde écarte les insectes. Ensuite je ressuie les semences dans du plâtre pilé (que je préfère à la craie), qui les blanchit et adhère mieux aux graines qui sont huilées qu'à celles qui ne sont que mouillées. Mais, comme le recommande justement M. *Cobbett,* j'ai toujours soin de mettre ces semences, qui commencent à germer, dans de la terre qui vient d'être labourée. Quand même ce serait pendant la sécheresse, la terre *fraîchement remuée* fournit à la graine l'humidité nécessaire pour continuer sa germination. De cette manière, j'accélère la sortie de mes plantes, qui prennent le dessus sur les mauvaises herbes. Mes semences sont aussi plus aisées à semer, parce que, étant gonflées et blanches, on les voit sur la terre. (*Note du traducteur.*)

(2) L'endroit où la petite touffe de feuilles supérieures prend naissance. (*Ibid.*)

il y parvient, pourvu que le plant tienne bien, il trouve qu'en enterrant la naissance des feuilles la plante en est plus solide; mais alors la première pluie recouvre de terre *le cœur* de la plante, qui alors ne prospérera plus : elle vivra, mais n'augmentera pas (1). C'est un inconvénient qu'il faut avoir grand soin d'éviter. La plante doit être fixée en terre, en appuyant la pointe du plantoir contre l'extrémité de la racine; comme je l'ai expliqué, art. 85. Ne pas affermir le plant est une grande faute; mais enterrer le cœur en est encore une plus grande. »

« Art. 244. Vous avez bien expliqué, me direz-vous, la manière de conserver les rutabagas pendant l'*hiver*; mais comment vous y prendrez-vous *au printemps?* Je vous répondrai : défaites les tas, et étendez-les au soleil, dans le champ même, où vous voudrez. Quand ils resteraient ainsi exposés au soleil et à la pluie alternativement pendant *un mois*, cela ne les gâtera pas. Quand ils seront bien secs, mettez-les dans une grange, au grenier, sous un hangar, en un mot, où vous voudrez, ils se conserveront bien, pourvu qu'ils ne soient pas *mis trop épais*, parce qu'alors ils s'échaufferont et pousseront un peu. Je crois qu'on peut les conserver ainsi, parfaitement sains et bons, pendant une année entière, du moins, je l'ai fait jusqu'en *juillet*. »

CHOUX.

« Art. 166. J'avais des cochons à nourrir, et comme mes rutabagas devaient être mangés pour juillet, et même auparavant, je voulais les faire suivre par des choux. En conséquence, je fis une couche le 20 mars; j'aurais dû la faire un mois plus tôt, mais j'étais absent et je ne revins que le 13. Il faut un peu de temps pour bien retourner le fumier, afin de le préparer pour la couche; de sorte que ma couche n'était pas trop bonne, et je la couvris à la hâte avec de vieilles croisées. Je semai sur cette couche mes *choux* et mes *choux-fleurs*. Les plantes levèrent bien, et quoique semées trop épais, elles poussèrent vigoureusement. Si j'avais eu le temps, j'aurais, pour une 1re fois, repiqué ce plant sur une nouvelle couche, à 2 pouces ½ ou 3 de distance; mais, me trouvant en retard, je le transportai à demeure lorsqu'il eut environ 4 pouces de hauteur. Mon plant, semé trop épais, s'était élancé, et était beaucoup plus mince et plus fluet que si je l'eusse semé très clair, ou repiqué une 1re fois. »

---

(1). Un chou cabus ne pommera pas, ou très mal; j'ai entendu des jardiniers appeler cela *aveugler le plant.* (*Note du traducteur.*)

« Art. 167. Ce fut le 12 mai que je les transplantai, dans une pièce de fort bonne terre, labourée profondément par mes bœufs. Mes choux-fleurs, au nombre d'environ 3 *mille*, se trouvèrent trop en retard pour pommer, ce qu'ils ne font jamais à moins de commencer à montrer la fleur avant les chaleurs ; mais ils poussèrent une très grande quantité de feuilles, qui fournirent une excellente nourriture à mes petits cochons. Les feuilles extérieures et les troncs furent mangés par les truies portières, les cochons, la vache et les bœufs. Les cœurs, qui étaient très tendres, et dont le goût était presque celui de la pomme des choux-fleurs, furent bouillis dans une grande chaudière de fonte, mélangés avec de la farine de seigle, et donnés aux truies nourrices et aux petits. Je suppose que ces 3 mille choux-fleurs pesaient 4 *livres* pièce, et ils occupaient ½ *acre* de terre (20 ares). Je les fis manger dans le commencement de *juillet* (1). »

« Art. 168. Les choux semés sur ma couche étaient en partie des choux d'York printaniers, dont la graine m'était venue d'Angleterre, et des mêmes choux dont la graine avait été récoltée aux États-Unis, mais qui, quoiqu'on eût choisi avec soin pour porte-graines les plantes les plus avancées et les plus précoces, ne produisirent que des choux beaucoup plus tardifs, car mes semences d'Angleterre me donnèrent des choux pommés le 24 juin ; et celles des États-Unis le 28 juillet, et même à la mi-août. »

« Art. 169. On voit que la nature des semences est un objet bien important par rapport à l'époque où les plantes seront bonnes à couper. Mes choux des États-Unis succédèrent à ceux d'Angleterre, et excepté ce qui fut consommé à la maison, tous furent donnés aux animaux. On fit bouillir les cœurs pour les truies nourrices et leurs petits cochons ; le restant fut donné aux cochons et aux bêtes à cornes. Ils me furent d'une bien grande utilité, car l'été ayant été excessivement sec, et les sauterelles ayant fait beaucoup de ravages, il n'y avait que bien peu d'herbe sur toutes les parties de la ferme, et sans mes choux qui vinrent si à propos, j'aurais été obligé d'avoir recours au tas de maïs ou à d'autre grain. »

« Art. 170. Comme je voulais faire suivre ces choux printaniers par d'autres variétés plus tardives qui devaient être mangées depuis septembre jusqu'en janvier, je semai en place, le 27 mai, 11 espèces de choux, les uns venant d'Angleterre et les autres des États-Unis.

---

(1) Les feuilles du cœur des choux-fleurs non encore pommés sont, je crois, les plus délicates de toutes les variétés de choux. J'en ai toujours fait planter une grande quantité pour les manger, avant d'être pommés, en place de choux de Milan : on les accommode de même. (*Note du traducteur.*)

J'en semai environ 2 *acres* (80 ares); savoir : ½ *acre* (20 ares) de SALISBURY printaniers, les plus hâtifs de tous les choux, et d'YORK printaniers; ¾ d'*acre* (30 ares) de gros choux pommés, et d'autres choux tardifs; et environ la même quantité de terrain de choux de MILAN. Les choux printaniers sont parfaitement pommés, et maintenant je les donne à mes animaux. Ils seront finis lorsque je couperai les feuilles de mes rutabagas, comme je l'ai dit plus haut, art. 136. Ensuite, vers la mi-décembre, je donnerai les gros cabus et autres choux tardifs; plus tard, quand les gelées commenceront, *j'arrangerai* ce qui me restera de choux pour les faire consommer dans le mois de janvier. »

« Art. 171. Vous les *arrangerez*, dites-vous? c'est très bien ; mais comment?

» Je puis assurer qu'il n'y a pas une seule manière de conserver les choux, que la nécessité et l'imagination aient suggérée, que je n'aie essayée l'année dernière, et à toutes, *excepté à une seule*, j'ai trouvé des inconvéniens. Je les ai arrachés, et ensuite replantés très près à près et en talus, et je les ai ensuite recouverts de paille : je les ai mis dans des fosses, je les ai pendus dans une grange, je les ai recouverts de terre, les racines en l'air; enfin, tout cela demande beaucoup de travail, et on n'a pas la certitude de pouvoir en conserver une certaine quantité. J'ai dit plus haut qu'il n'y a qu'une seule manière qui m'ait réussi; la voici : j'ai fait avec la charrue une espèce de *planche* dont j'ai bien uni la superficie avec la herse. J'ai recouvert cette planche d'un peu de paille, et j'ai placé sur la paille les choux, la tête renversée, après en avoir arraché toutes les mauvaises feuilles du bas. J'en ai mis 6 de front dans toute la longueur de la planche. Je les ai alors recouverts, mais pas trop épais, avec des feuilles que j'ai fait ratisser dans le bois, et j'ai jeté un peu de terre sur les feuilles pour les maintenir en place, et empêcher le vent de les emporter ; mais des branches quelconques eussent mieux valu que la terre. Ainsi, quand l'ouvrage fut terminé, on voyait un long lit de feuilles dépassé par les racines des choux. Je ne mis de feuilles que ce qu'il en fallut pour *cacher entièrement la verdure* des choux. Si on était surpris par une forte gelée qui empêchât de les *arracher*, on pourrait alors les couper rez terre, car je ne crois pas que les racines aident à leur conservation. J'ai sorti de dessous les feuilles ces choux, qui étaient de diverses espèces, tous parfaitement sains et frais. La quantité que j'ai ainsi conservée n'était pas grande ; il n'y en avait qu'à peu près 200, mais cela suffisait pour le résultat de l'expérience. Non seulement les choux se sont *conservés* en meilleur état, mais on pouvait les *employer* en tout temps. La gelée avait fixé à leur place tous ceux qui étaient recouverts de terre ; et ceux qui avaient les racines en terre *pourrissaient* dans le cœur. Mais je pouvais aller en tout temps à ma *planche*, et en enlever la charge d'un chariot en 10 minutes. Quand même ils auraient été recouverts de neige, je n'aurais eu besoin, pour en prendre 1 millier pesant, que d'ôter la neige d'un espace de 20 pieds de longueur sur 6 de largeur, ce qui aurait demandé bien peu de temps. »

« Art. 172. Ce mode de conservation peut être extrêmement utile en ANGLETERRE, et surtout en ÉCOSSE, où, pendant quelques années, une succession rapide de gelée, de dégel et de neige, *pourrit* tous les choux *pommés*. On n'y peut compter pour nourrir les animaux que jusqu'au mois de décembre. Le volume d'une récolte considérable de choux est si grand, qu'on ne peut pas penser à les rentrer dans des bâtimens, où d'ailleurs si on les empilait en masse trop épaisse, ils *s'échaufferaient* bien vite, et se pourriraient. On peut bien rentrer les choux *d'un jardin* et les suspendre à couvert ; mais, même dans cet état, *ils blanchissent* et se pourrissent assez promptement ; mais en employant la manière que j'ai décrite, on évite tous ces inconvéniens. On pourra en conserver autant que l'on voudra, avec une dépense bien minime par rapport au volume du produit. »

« Art. 173. Mes choux de MILAN doivent peser au moins 20 *milliers*, et 2 hommes me les ont arrangés dans 1 *jour*. Ils sont très beaux, quoique semés un peu tard, et quoique, transplantés sous un ciel brûlant, ils n'aient reçu d'eau que plusieurs semaines après. Je les ai repiqués entre des rangées de plantes à balai (ou *sorgho*), espacées de 8 pieds (7 pieds 6 pouc.). J'avais précédemment labouré profondément la terre, en la rejetant contre le *sorgho*, de sorte qu'il y avait une raie profonde dans le milieu de l'intervalle. Lorsque j'ai voulu transplanter mes choux, j'ai répandu dans cette raie du fumier, que mes intervalles de 8 pieds m'ont permis de conduire avec la voiture, et je l'ai recouvert par 2 allées et 2 retours de la charrue, ce qui m'a formé un *billon* sur le sommet duquel on a repiqué les choux, immédiatement après que la charrue venait de l'élever. »

« Art. 175. Les rutabagas sont *plus faciles* à conserver, et sont plus *substantiels* que les choux ; mais il y a des raisons qui militent en faveur des choux pour en faire une partie de la provision. D'abord *deux* chances valent mieux *qu'une* ; ensuite, comme je l'ai observé (*art.* 143), les rutabagas sont beaucoup meilleurs quand ils sont *mûrs*, et ils ne le deviennent qu'en février et plus tard. En cela, ils ressemblent à certaines pommes, qui ne sont pas mangeables avant leur maturité, et qui alors sont excellentes. »

« Art. 176. C'est par ces raisons que je voudrais avoir des choux, et parmi eux une certaine proportion de choux de Milan, car ce n'est pas seulement la quantité qu'il faut chercher, mais encore la qualité. Je sais que les gros choux cabus et les choux à vache me donneront plus de poids ; mais ce qui est le meilleur pour les hommes l'est aussi pour les animaux. »

« Art. 177. D'ailleurs il en faut de printaniers et de tardifs pour en avoir en succession. Et puis, si un chou cabus pèse 20 livres, et si un chou d'York printanier n'en pèse que 4, il faut considérer (supposant toujours les rangées à 4 pieds (3 pieds 9 pouc.) pour labourer entre elles avec la charrue) qu'un gros chou cabus occupera 4 pieds du billon, tandis que le choux d'York ne demandera que 15 pouces. Ensuite ce choux printanier, n'occupant la terre que peu de temps, peut être suivi de rutabagas repiqués, de sarrasin, ou même de choux tardifs, principalement de choux de Milan. Mes choux printaniers ont été remplacés par des choux tardifs, qui, dans le moment où j'écris, la mi-novembre, sont pommés, et que je donne à mes animaux. »

« Art. 178. Un grand avantage des choux, c'est qu'avec une planche de plant on a de quoi repiquer 1 acre ou 2 de terrain, et qu'avec 1 heure ou 2 de travail on nettoie les mauvaises herbes de cette planche de plant. Quant au coût de la semence, c'est un objet trop minime pour y faire la moindre attention. »

« Art. 179. C'est par les raisons ci-dessus énoncées que je regarde une récolte de choux comme liée à celle des rutabagas. La semence de betteraves est long-temps à sortir de terre ; dans les années de sé-cheresse elle lève inégalement, et les mauvaises herbes prennent le dessus. Il faut donner le 1er sarclage lorsqu'on a encore de la peine à la distinguer ; on en peut dire autant des carottes et des panais. Mais les choux n'occupent qu'une très petite place jusqu'au moment de leur transplantation : une heure de travail nettoie cette place, et les plantes se trouvent toujours prêtes pour le moment où la terre est convenablement préparée. La betterave blanche, lorsqu'elle est presque mûre, est plus substantielle que le chou cabus pommé ; mais on ne la conserve pas plus aisément, et elle ne produira pas une ré-colte plus pesante. Les bêtes à cornes mangent les feuilles de la bet-terave, mais les cochons la refusent lorsqu'ils peuvent attraper celle des choux. Cependant on peut cultiver une certaine quantité de bet-teraves. Elles engraisseront bien un *bœuf* ainsi qu'un *mouton*. Les cochons s'en accommoderont bien pendant l'hiver. Si j'étais cultivateur, j'en planterais; mais ce ne serait pas sur cette plante que je compterais pour ma récolte principale (1). »

« Art. 180. Quant à l'époque de semer les choux, ceux pour la 1re récolte doivent l'être sur une couche chaude, de manière à ce que le plant ait *un mois* lorsque les fortes gelées seront passées. On doit semer ceux de la 2e récolte, lorsque la terre est suffisamment réchauffée *pour faire généralement pousser les mauvaises herbes.* Mais les couches et les planches sur lesquelles on sème les choux doivent être en *plein air*, et *non abritées*, quel qu'en soit l'aspect, parce qu'alors les plantes resteraient toujours faibles. Il faut que l'air leur vienne librement dans toutes les directions; sur les couches, les graines doivent être semées en raies distantes de 3 pouces, et il faut ensuite espacer les plantes de manière à mettre entre elles 1/4 de pouce de séparation : cela laissera environ 10 *mille* pieds de plants sur une couche de 20 pieds de longueur sur 5 de largeur. Alors les plantes pourront acquérir une bonne grosseur, sans s'élancer et sans trop se nuire, pourvu que la couche ne soit pas trop chaude, et qu'elle ait de l'air. Quand on sème en pleine terre, alors on a plus de place : on doit faire les rangées à 1 pied d'intervalle, et les plantes à 2 pouces de distance dans les rangées. Vous aurez alors tout l'espace nécessaire pour bien manœuvrer la *houe à main*, et votre plant poussera vigoureusement. Souvenez-vous qu'un *gros* chou ainsi qu'un *gros* rutabaga valent mieux que des *petits.* Tous viendront bien, s'ils sont bien transplantés, mais celui qui a été transplanté gros viendra mieux qu'un mince, et finira par produire le chou le plus pesant. »

« Art. 181. Nous avons en Angleterre une manière de fortifier et d'améliorer le plant, que je crains presque de faire connaître, parce que je vois mon lecteur Américain *effrayé* du travail que cette manière demande. Lorsque les choux, semés sur couche, ont les feuilles d'environ 1 pouce de largeur, on les enlève et on les repique sur une planche nouvelle bien préparée, à 4 pouces de distance *en tout sens.* Là, ils deviennent forts et s'étendent; et environ 3 semaines après, on les transplante à demeure. Lorsqu'après cette 1re transplantation on les arrache pour les repiquer à demeure, on trouve que les racines principales, dont les pointes ont assez généralement été cas-

---

(1) Si on sème et cultive la betterave blanche ou à sucre, comme il vient d'être expliqué pour les choux, c'est à dire, si on la transplante sur billon, un peu plus grosse qu'une plume à écrire, comme je l'ai fait pendant plusieurs années de suite, elle donnera une récolte au moins aussi forte que le rutabaga que j'ai cultivé de la même manière. La betterave, en sortant de terre, n'est pas sujette à être dévorée par le puceron, comme le rutabaga.　　　　　　　　　　　　　(*Note du traducteur.*)

sées, ont poussé un grand nombre de nouvelles racines ou chevelu. C'est ce qui fait qu'elles sont plus à même de retenir un peu de terre, et qu'elles reprennent plus vite dans le nouveau terrain. *Un cent* de ce plant déjà repiqué est toujours considéré comme valant *trois cents* de plants arrachés de la couche. Que tout cultivateur essaie cette méthode sur seulement une 20ne de plantes; il ne lui faudra, pour les repiquer une 1re fois, que 3 minutes. Sûrement il pourra s'arranger de manière à pouvoir sacrifier ces 3 minutes; et je lui certifie que s'il traite ensuite ces plantes comme les autres, et s'il donne à toutes les soins convenables, et que sa récolte n'éprouve pas d'accidens, ces 3 minutes lui procureront 50 livres de plus en poids, dans ces 20 plantes, que dans le même nombre des plus beaux pieds tirés de la couche. Les plants de choux, ainsi repiqués une première fois, sont, dans le Dorsetshire et dans le Wilshire, arrachés et liés en paquets de 100, et transportés dans le Hampshire, où on les vend 3 *pences* (6 sous) le 100. Il ne faut donc pas le *courage d'un lion* pour entreprendre le travail de préparer ainsi quelques milliers de plants. »

« Art. 182. Si on veut prendre directement le plant de la couche, on le pourra, mais il faudra avoir grand soin de ne pas l'y semer trop épais (1). »

« Art. 183. Quant à la préparation de la terre en billons, à la fumure, à la distance qu'il faut mettre entre les rangées, à la manière de repiquer, et à toutes les cultures subséquentes, c'est exactement comme pour les rutabagas, et je les ai décrites amplement dans la 1re partie. Cependant j'aurai une observation à faire, c'est sur la *profondeur* dont il faudra enterrer le plant. Il faut que les pétioles des feuilles latérales (tiges des feuilles) soient juste hors de terre, car si vous enfoncez le plant plus avant, la pluie recouvrira de terre les pétioles, ce qui fera que le chou ne pommera pas. Mais si le plant est tellement enfoncé que le *cœur* vienne à être *recouvert* de terre, il pourra peut-être ne pas mourir, mais il ne produira jamais rien. C'est donc une chose à laquelle il faudra faire la plus grande attention. Si le plant s'était élancé sur la couche, à une longue tige, il faudra l'enterrer jusqu'aux feuilles, et alors la tige poussera des racines dans toute sa longueur jusqu'à la superficie de la terre. »

« Art. 184. La distance que les choux doivent avoir dans les rangées dépend de l'espèce, voici celle que je crois la meilleure : les Salisbury printaniers, 12 pouces; les York printaniers, 15 pouces;

---

(1) Défaut général des jardiniers. (*Note du traducteur.*)

les Battersea printaniers, 20 pouces; les Pains de sucre, 24 pouces, et tous les autres gros choux, sous différentes dénominations, 3 pieds ¹/₂ (1). »

« Art. 187. Pour arriver à leur maturité, et en supposant que la terre était bien préparée, que le plant avait une bonne grosseur quand on l'a repiqué, et que les binages et les labours subséquens ont été bien et opportunément donnés, les différentes variétés de choux ont besoin du temps qui s'écoule entre la transplantation et l'arrachage, comme il est indiqué ci-après :

	mois.	semaines.
Salisbury printaniers.	»	6
York printaniers.	»	8
Battersea printaniers.	»	10
Pains de sucre.	»	11
Battersea tardifs.	»	16
Choux rouges de Kent.	»	16
Choux-tambours (drum-headed) . . . . }		
Choux mille-têtes (choux-boeufs). . . . . } 5	»	
Choux de Milan, choux gros-creux (large-hollow). }		

« Art. 188. Il faut observer que les choux de Milan, qui sont si excellens pendant l'hiver, n'acquièrent toute leur bonté que lorsqu'ils ont été *pincés* par la gelée. J'ai mis les choux rouges au nombre de ceux que l'on doit cultiver, parce que, à grosseur égale, ils valent les autres, et qu'il est bon d'en avoir quelques uns pour la table (2). Les choux mille-têtes sont d'un produit immense : on en coupe les têtes, qui, dans le principe, sont très nombreuses, et il en pousse de nouvelles, et cela pendant des mois entiers, si le temps est favorable ; de sorte qu'il ne faut pas 5 mois pour cueillir les 1ʳᵉˢ têtes dures et mûres : c'est un chou rustique et qui demande beau-

---

(1) Dans les articles 185 et 186, M. *Cobbett* parle de l'époque où il faut semer les choux aux États-Unis ; mais comme les États-Unis sont très étendus, et que les mêmes degrés de latitude ne correspondent pas pour *la chaleur* avec ceux de l'Europe, ni même ceux de l'Europe entre eux, je crois pouvoir recommander à tout cultivateur qui ira habiter une autre province de consulter les bons jardiniers des environs de son nouveau domicile, pour connaître l'époque où il faut semer, non seulement les diverses espèces de choux, mais encore les autres plantes et même les céréales.

(*Note du traducteur.*)

(2) Ils sont aussi moins sensibles à la gelée que les autres choux pommés.

(*Ibid.*)

coup d'espace. Le chou-bœuf est plus rustique que le chou-tambour ; le gros-creux est un excellent chou , mais il demande une très bonne terre. Il sera bon d'en voir de toutes les variétés ; 1 once de graine de chaque espèce sera suffisante. »

« Art. 191. J'espère avoir donné toutes les informations nécessaires pour apprécier la valeur des choux et en commencer la culture : l'expérience sera ensuite le meilleur guide. »

« Art. 192. Mais , en finissant, je ne puis m'empêcher de recommander *fortement* au cultivateur qui voudra essayer cette culture de la faire *complétement* , c'est à dire d'employer de la *bonne graine* , de la *bonne terre* et les *soins nécessaires ;* car de même que « *l'on ne cueille pas des raisins sur des épines , ni des figues sur des chardons* , » de même aussi on ne récolte pas des pommes de choux sur des tiges de colzas. Quant à la terre , il faut la rendre bonne et riche par les labours et les engrais, si elle ne l'est pas auparavant ; car un chou ne pommera pas dans une terre qui, cependant, pourra produire un bon navet ; mais comme la quantité de terrain qu'il faudra pour les choux ne sera jamais bien considérable , il sera aisé de le bien fumer. La culture postérieure des choux est peu de chose : plus de mauvaises herbes qui exigent un sarclage à la main ; 2 bons labours avec la charrue, après la transplantation , seront suffisans ; mais ces labours , après le repiquage , sont nécessaires , et en outre, ils laissent la terre en excellent état pour la récolte suivante. Le cultivateur pourra essayer en petit , et ce sera peut-être le meilleur ; mais quelle que soit l'échelle sur laquelle il opérera, l'essai doit être fait *complétement*. »

BETTERAVES (1).

« Art. 254. J'ai eu la preuve , cet été, que, pour les *vaches, la betterave blanche* est préférable au *rutabaga* , soit pour la quantité,

---

(1) M. *Cobbett* a essayé de transplanter du maïs, ce qui lui a très bien réussi. Son plant était très fort, puisqu'il avait 2 pieds de hauteur ; il en a retranché le haut des feuilles. Il l'a repiqué sur billons distans de 3 pieds 9 pouces de FRANCE , et exactement de la manière qu'il vient de décrire pour les rutabagas et les choux.

Quant à la *pomme de terre*, il en est l'ennemi déclaré, lorsqu'on veut la substituer entièrement au pain, comme en IRLANDE ; il l'appelle *la racine de la paresse* (LAZY ROOT).

Dans un ouvrage postérieur intitulé COTTAGE ECONOMY (*Du Ménagement des chaumières*), M. *Cobbett* apprécie mieux la valeur de la betterave blanche. Je reproduis ici ce qu'il a écrit à ce sujet, à HENSIGTON (en ANGLETERRE), le 14 novembre 1831. (*Note du traducteur.*)

soit pour la qualité, et tout ce que, dans mon ouvrage intitulé *Une année de résidence aux États-Unis*, j'ai dit sur cette dernière racine, pourra s'appliquer parfaitement à la 1re. La manière de semer et celle de préparer la terre en billons, le temps et le mode de transplantation, les distances entre les billons et les plants, ainsi que les cultures subséquentes, tout est absolument le même pour les deux plantes ; la seule différence est dans l'usage des feuilles et le temps de récolter les tubercules. »

« Art. 255. Les feuilles de betteraves ont une grande valeur, principalement pendant les étés *secs*. On commence dans la 3e semaine d'août à cueillir les feuilles inférieures, qui sont une bonne nourriture pour les vaches et les cochons ; mais il faut observer que, lorsqu'on les donne aux vaches, il faut y ajouter, à cause de leur nature aqueuse, 6 livres de foin par jour, par vache ; ce qui n'est pas nécessaire avec les feuilles de rutabaga. Ces feuilles de betteraves meneront jusqu'au moment de rentrer les tubercules (1re semaine de novembre). Cueillir ainsi les feuilles du bas de la plante ne fait que du bien aux bulbes : de nouvelles feuilles poussent dans le haut, la bulbe s'alonge et n'en devient que plus pesante ; mais il faut avoir soin de ne pas enlever trop de feuilles à la fois, ainsi que d'effeuiller trop haut (1).

» Lorsqu'on arrache les tubercules au commencement de novembre, on coupe le restant des feuilles au collet, sans attaquer la bulbe, et on les donne aussi aux vaches et aux cochons. On rentre les racines dans un endroit où la gelée ne puisse pas pénétrer ; mais si on n'a pas de local convenable, on les empile dans les champs et on les recouvre de terre, comme il a été expliqué, pour les rutabagas. Les betteraves, par une bonne culture, peseront, l'une dans l'autre, 10 livres pièce, et donneront une récolte plus pesante que les rutabagas. On peut les donner *crues* aux vaches et aux cochons, et elles sont plus profitables à ces deux sortes d'animaux que les rutabagas (2).

---

(1) On a proposé, pour la conservation des feuilles de betteraves, pour l'hiver et le printemps suivans, un procédé analogue à celui de la choucroûte : c'est d'arranger les feuilles *entières* par lits et de mettre entre les lits un peu de sel pilé, ayant soin de serrer les lits avec un pilon ou dame. De vieux tonneaux, un peu grands et défoncés par un bout, seront bons pour contenir les feuilles, si la quantité en est petite ; mais, pour une grande ferme, il faudrait des citernes construites en béton ou terre glaise, de manière à être imperméables.　　　(*Note du traducteur.*)

(2) *V.* sur les qualités nutritives de la betterave blanche la 7e livraison des *Annales agricoles de Roville*, p. 98. Il résulte, des intéressantes expé-

» Les feuilles de betteraves ne donnent aucun goût fort ou désa-
gréable au lait et au beurre ; mais, outre cet usage de la betterave,
il y en a un autre très important, surtout pour les cochons. Le jus
de la betterave blanche est tellement *sucré*, qu'en FRANCE on en fait
du *sucre*, qui égale en bonté celui des colonies. Beaucoup de personnes, en ANGLETERRE, font de la bière avec ce jus, et j'ai bu de cette
bière, que j'ai trouvée très bonne. Ce jus est excellent pour mouiller
et étendre la nourriture sèche que l'on donne aux animaux. J'en
fais bouillir pour cet objet dans le moment où j'écris (20 novembre
1831). Ma chaudière en cuivre contient 7 *bushels* (2^{hect.}) : j'y mets
3 *bushels* (1^{hect.} 7^{lit.}) de betteraves coupées par tranches de 2 pouces
d'épaisseur, et je la remplis d'eau. Je retire ce qu'il me faut de ce
jus bouilli pour délayer les recoupes ou la farine grossière que je
donne aux petits cochons et aux cochons à l'engrais. Je donne aux
autres le restant de la chaudière, jus et racines, et c'est ce que je
compte faire jusqu'à la mi-mai. »

« Art. 257. Si vous donnez à vos cochons des pommes de terre,
soit bouillies, soit cuites à la vapeur, il vous faut un liquide quelconque pour mélanger avec elles ; car tout le monde sait que l'eau
dans laquelle les pommes de terre ont bouilli est *dangereuse* pour
tous les animaux qui l'avalent ; mais étendez vos pommes de terre
cuites et pilées avec ce *jus* de betteraves, vous aurez alors une excellente nourriture pour les cochons de tout âge (1). »

DE LA CULTURE DE LA BETTERAVE A SUCRE ;

Par M. DE VALCOURT.

La betterave à sucre est devenue un objet important pour
l'agriculture française ; mais je vois, par la manière dont on la
cultive, qu'elle est loin de parvenir à toute sa croissance et de rendre
tout ce dont elle est susceptible. La betterave à sucre acquerra au
moins 18 pouces de longueur, toutes les fois que la profondeur du
labour le lui permettra ; mais comment pourrait-elle se développer
dans une terre qui n'est labourée qu'à 6 ou 7 pouces ? Cependant,

---

riences de M. *de Dombasle*, que, pour égaler 100 livres de bon foin ou
de luzerne, il faut 187 livres de pommes de terre, 220 livres de betteraves blanches et 307 livres de carottes. Il n'a pas essayé les choux ni les
rutabagas.   (*Note du traducteur.*)

(1) Je crois très bonne cette manière de mélanger les deux racines.

(*Ibid.*)

comme on ne peut que difficilement labourer à 18 pouces (1), et que tous les terrains ne sont d'ailleurs pas susceptibles d'un défoncement de cette profondeur, on doit y remédier en cultivant *toujours* la betterave à sucre sur *billons*, comme on le fait en ANGLETERRE pour les navets, et comme M. *Cobbett* l'a si bien démontré dans le mémoire qu'on vient de lire.

En 1825, M. *de Dombasle* a donné la traduction de l'*Agriculture pratique et raisonnée* de sir *John Sinclair*. On voit dans la 6e planche la manière de former les 1ers billons, de placer le fumier dans les intervalles et de le recouvrir par les 2 billons, sur le sommet desquels on sème les navets qui, par conséquent, se trouvent immédiatement au dessus du fumier. C'est comme le fait M. *Cobbett;* mais en ANGLETERRE les billons sont plus rapprochés.

En 1828, M. *Huzard* fils a publié un mémoire intéressant sur la culture en rayons des turneps ou gros navets, telle qu'on la pratique en ANGLETERRE. C'est la méthode de sir *John Sinclair*, mais plus développée. Je conseille à tous les cultivateurs de betteraves de se procurer ce mémoire, parce qu'ils *peuvent* et *doivent* cultiver les betteraves de la même manière.

On voit dans ces 3 ouvrages qu'il faut 4 traits de charrue pour former les billons et recouvrir le fumier. Je vais décrire la manière de le faire *d'un seul* trait.

Si j'avais connu la méthode anglaise, lorsqu'en 1819 je cultivais mon domaine de VALCOURT, près de TOUL (Meurthe), il est probable que je l'aurais suivie exactement; mais ne la connaissant pas, et cependant sentant que la betterave ne pouvait être cultivée avec succès que *sur billons*, parce qu'alors elle peut s'enfoncer dans une profondeur *double* de terre labourée, j'ai trouvé deux manières de former les billons au dessus du fumier, la 1re, par deux traits de charrue, et la 2e, par un seul trait (2).

---

(1) M. *de Fellemberg* a défoncé la presque totalité du domaine de HOFWYL, près de BERNE, à 2 pieds de profondeur, d'un seul trait de la charrue de BERNE, à avant-train, mais attelée de 14 chevaux. Ce défoncement lui a coûté, y compris le hersage et l'épierrage, 225f l'hectare.

M. *Trochu*, à BELLE-ILE-EN-MER, défriche ses landes et les défonce à 2 pieds de profondeur pour y planter des bois, avec ma charrue jumelle décrite dans le *Bulletin de la Société d'Encouragement* de juillet 1830, et dans les *Annales de Grignon*, de la même année. Il y attelle 6 chevaux; il prend environ 14 pouces de profondeur au 1er trait et 10 pouces au 2e trait, en retournant dans la même raie.   (*Note du traducteur.*)

(2) Mon mémoire détaillé sur ces méthodes, qui m'a valu le prix de la

Je commencerai par décrire brièvement la méthode anglaise.

Le champ ayant reçu les labours préparatoires nécessaires et ayant été hersé à plat pour le moment où on veut semer les navets, ce qui a lieu ordinairement en juin, on prend la charrue écossaise sans avant-train, attelée de 2 chevaux, et avec une allée et un retour de la charrue, on forme les billons et on donne au champ la *fig.* 1re ci-après, les billons ayant 2 pieds de centre à centre.

Fig. 1.

Alors, avec des voitures qui ont 4 pieds de voie, ou la largeur de 2 billons, pour que, le cheval marchant dans la raie *b*, les roues puissent tomber exactement dans les raies *a* et *c*, on décharge le fumier par petits tas dans la raie du cheval *b*. Ensuite des femmes, avec des fourches de fer, l'étendent, en en laissant 1 tiers dans la raie du cheval *b*, et en mettant les 2 autres tiers dans les raies des roues *a* et *c*. Aussitôt que le fumier est étendu, la charrue vient le recouvrir par une 2e allée et un 2e retour, refendant chaque billon en deux, et rejetant chaque moitié sur le fumier. Alors le champ présente la *fig.* 2e suivante, dont les hachures désignent le fumier.

Fig. 2.

Les lignes ponctuées montrent l'emplacement des 1ers billons.

On sème les navets sur le sommet de ces nouveaux billons, *immédiatement* après qu'ils sont faits et avant que la terre soit hâlée.

On voit qu'il a fallu 2 allées et 2 retours de la charrue pour former les billons au dessus du fumier, ou 4 traits.

Je ne connaissais pas la manière anglaise en 1821, et voici comment je fis l'opération avec 2 traits de charrue.

A la fin de mai 1821, un champ de 60 ares, que je destinais à être repiqué en betteraves blanches, avait reçu 2 labours et 2 hersages. Alors, avec ma grande charrue attelée de 4 chevaux, je mis les chevaux de la gauche dans la raie extérieure, à la gauche du

---

Société d'agriculture de Nancy, pour les plantes sarclées pendant les années 1822 et 1823, a été publié dans le *Bon Cultivateur* de Nancy, *Bulletin* d'avril 1824, et dans les *Annales de l'agriculture française*, juillet 1824.

(*Note du traducteur.*)

champ; je fis enfoncer la charrue à environ 9 pouces (le plus profondément que la terre le permit), je rejetai la terre du côté du champ, et j'ouvris la raie *a*, *fig.* 1re, en formant le billon *x*; comme lorsqu'en commençant par le milieu de la planche, on *endosse*. Le retour de la charrue en fit autant dans l'autre raie extérieure, à droite d'une large planche; puis je revins dans la première raie *a* que j'avais faite, et j'y mis les chevaux de gauche, ceux de la droite marchant sur la terre en *b*, laissant à gauche de la charrue le billon *x*, j'ouvris la raie *b* (à l'endroit où marchaient les chevaux de la droite), et rejetant la terre à droite, je formai le billon *y*, et ainsi de suite pour tout le reste du champ, mettant toujours les chevaux de gauche dans la raie faite la dernière. Mon champ présentait alors l'aspect du champ anglais, *fig.* 1re; mais mes raies étaient plus profondes, et mes billons avaient 27 pouces de centre à centre. Il avait fallu 2 traits de charrue pour faire le billon anglais, et je n'en avais donné *qu'un seul*.

Je fis conduire et étendre le fumier dans les trois raies (celles du cheval et des roues), comme les Anglais; mais les chariots de notre localité ayant moins de 4 pieds de voie, je fus obligé de faire faire à un tombereau un essieu qui eût la largeur de 2 billons (4 ^{pied.} 6 ^{pouc.} de voie).

Le fumier ayant été répandu dans les raies, je pris une charrue à double versoir ou buttoir, dont le cheval de gauche fut mis dans la raie *a*, *fig.* 1re, et celui de droite dans la raie *b*; je fendis en deux le billon *x*, et j'en rejetai chaque moitié sur le fumier des raies *a* et *b*: j'en fis successivement autant à tous les billons. Pour bien nettoyer les nouvelles raies et redresser les billons, je fis passer une 2e fois, dans chaque raie, le buttoir, attelé alors d'un seul cheval.

M. *Huzard* fils dit dans son mémoire que, pour cette 2e opération, les Anglais se servent quelquefois du buttoir, comme je l'ai fait.

Mon champ et mon fumier recouvert présentaient la forme de la *fig.* 2e; mais les raies étant plus larges, et surtout plus profondes, avaient recouvert le fumier d'une masse de terre plus épaisse.

Je repiquai *immédiatement*, sur le sommet des billons, des betteraves blanches, des rutabagas et des choux à choucroûte; j'arrosai à ½ litre d'eau par plante, *pour bien tasser la terre contre les racines*. Par la suite, et à 2 fois différentes, je fis passer le buttoir attelé d'un seul cheval, pour décroûter la terre, et je fis houer à la main, entre les plantes, sur les billons.

En 1822, je cultivai de la même manière 60 ares, que je repiquai en betteraves, rutabagas et choux. Comme ce terrain avait plus de fond que le précédent, je labourai plus profondément, de sorte que le fumier, qui n'était pas épais, se trouva très enterré. Quelques plantes ne poussaient pas comme les autres et restaient chétives. J'ôtai avec précaution la terre autour des pieds de plusieurs de ces plantes arriérées : je vis que quelquefois les racines s'étaient doublées en les repiquant avec le plantoir, et que toutes celles qui ne profitaient pas n'avaient pas encore pu atteindre le fumier, qui était recouvert de beaucoup de terre : c'est ce qui me suggéra l'idée de placer le fumier, non au fond de la raie, mais dans le milieu de la terre labourée.

Ainsi, le 16 juillet 1823, sur un champ de 30 ares de terre légère labourée profondément, et ensuite hersée, je fis conduire, avec mes chariots à voie ordinaire du pays, 6 voitures à 6 chevaux de fumier, et je le fis étendre sur tout le champ à la manière ordinaire. Alors, avec la charrue-*Dombasle*, attelée de 2 chevaux, mais au versoir de laquelle j'avais ajouté une rehausse, je fis la même manœuvre que l'année précédente *avant* d'avoir conduit le fumier, c'est à dire que, mettant le cheval de gauche dans la raie extérieure, à la gauche du champ, j'ouvris la raie 1-2, *fig.* 3e, ci-après :

Fig. 3.

La charrue renversa le fumier, qui était de 1 à 2 sur celui qui était de 2 à 3, et le recouvrit par la terre tirée du fond de la raie. Au 2e tour, je mis le cheval de gauche dans la raie 1-2 que je venais d'ouvrir, le cheval de droite marchant sur la terre de 3 à 4, et laissant à gauche de la charrue le billon 2-3, j'ouvris la raie 3-4, en rejetant le fumier, qui était de 3 à 4 sur celui de 4-5, qui fut doublé et fut également recouvert par la terre tirée de la raie 3-4. J'opérai de même pour tout le reste du champ. Je fis alors passer dans les raies le buttoir attelé d'un seul cheval, ce qui les nettoya bien et redressa parfaitement les billons, qui ressemblaient à un A majuscule, dont le trait d'union était formé par le fumier.

Il y avait 9 pouces de terre labourée et bien meuble dessous le fumier, et de 7 à 8 pouces de terre par dessus : ainsi il y avait, y compris le fumier, plus de 18 pouces de terre labourée, dans laquelle la betterave pouvait s'enfoncer avant d'atteindre le tuf. Je repiquai *de suite* mes betteraves sur le sommet des billons. Par ce moyen, l'extrémité de la racine se trouva tout d'abord en contact avec le fumier, qui était gras et assez consommé.

On voit que, par cette méthode, chaque billon est fait, et le fumier recouvert par *un seul* trait de charrue, tandis que, dans la manière anglaise, il en faut *quatre*. Le fumier peut être voituré un peu d'avance et avec des voitures de toutes les voies ; mais le fumier ne doit être étendu qu'au moment de l'enterrer.

Ainsi, selon qu'on voudra avoir le fumier plus ou moins enterré, on pourra suivre la 1re ou la 2e de ces méthodes.

La graine de betteraves est fort long-temps en terre avant de lever (près d'un mois), et celle des carottes encore plus long-temps ; c'est ce qui donne aux mauvaises herbes le temps de prendre le dessus et de les étouffer, et c'est ce qui rend le 1er sarclage si difficile et si dispendieux quand on sème en place.

Mais si, avant de les semer, on laisse tremper les graines dans l'eau *jusqu'à ce que le germe commence à se montrer*, et qu'alors on les sème dans une terre qui vient d'être *immédiatement* labourée ou bêchée, alors ces plantes sortiront dans peu de jours, et, à leur tour, elles prendront le dessus sur les mauvaises herbes.

Des expériences intéressantes seraient celles qui détermineraient le nombre de jours qu'il faudrait laisser tremper les différentes semences. J'ai prié M. *Philippart*, professeur de botanique à l'Institution agronomique de GRIGNON, de les faire, et il m'a promis de s'en occuper. Les *graminées* sont les plantes dont la germination est la plus prompte ; ensuite les *crucifères*, les *légumineuses*, après les *labiées*, ensuite les *ombellifères*, enfin les *rosacées*, dont la germination est la moins active. Voici une liste de quelques plantes observées par *Adanson ;* mais quand la terre n'a pas l'humidité et la chaleur nécessaires, la germination est beaucoup plus lente.

Blé, millet.	1 jour.	Raves, betterave.	6 jours.
Epinards, fèves, moutarde. .	2	Orge.	4 à 7
Laitue, anis.	3	Chou.	10
Melon, concombre.	5	Persil.	40 à 50

Il faut commencer par tamiser la semence de betterave pour en séparer toutes les très petites graines, qui ne produiraient qu'un plant chétif, comme un blé qui n'aurait pas été criblé et dans lequel resteraient tous les petits et mauvais grains. On fera tremper la bonne semence dans de l'eau pendant 4 ou 5 jours (davantage pour les carottes), jusqu'à ce que quelques graines commencent à montrer le germe (1) ; ensuite on étendra les graines sur une toile claire pour

---

(1) Pour faire germer les semences, M. *Humboldt* a pris 1 pouce cube d'eau, 1 cuillerée à café d'*acide muriatique* et 2 autres cuillerées d'*oxide de manganèse ;* après avoir mélangé le tout, il y a mis les semences qu'il a

faire écouler l'eau et les laisser se ressuyer un peu ; puis on les im-
bibera bien d'huile de chenevis , ou , ce qui vaudra mieux, d'huile
de poisson , dont l'odeur nauséabonde écarte les insectes. Alors on
les roulera dans du plâtre fin ou dans des cendres de bois *non* lessivées ; mais je préfère le plâtre , parce que les semences qu'il a blan-
chies paraissent mieux sur la terre quand on les sème. Les graines
de betterave ressemblent alors à des dragées, et celles de carotte à
des anis. On sait que l'huile et le sel du plâtre, ou des cendres,
étant unis , forment la matière savonneuse qui, selon l'abbé *Rozier*,
excite si puissamment la végétation. L'huile fait aussi adhérer le
plâtre aux semences bien mieux que l'eau.

Si on semait la graine ainsi germée dans une terre labourée *depuis
long-temps* , et qu'il survînt ensuite une sécheresse un peu longue ,
alors, naturellement , la plupart des plantes périraient ; mais si on
sème ces graines germées dans de la terre qui vient *immédiatement*
d'être labourée, alors cette terre *fraîchement remuée* aura toujours
assez d'humidité pour achever la germination des semences. Il en
est de même pour la transplantation : on a vu dans le mémoire de
M. *Cobbett* que le jardinier doit suivre la charrue et repiquer sur
le billon qu'elle vient de former. La charrue ne doit avoir que peu
de billons d'avance. L'auteur de ce mémoire a éprouvé , aux États-
Unis, que du plant repiqué sur billons , *derrière la charrue*, dans le
fort de l'été, qui n'a pas été arrosé et qui a éprouvé une sécheresse
assez longue, a souffert, mais n'a pas péri, malgré le soleil brûlant
d'Amérique : il a poussé vigoureusement à la première pluie.

Il faut que les plants de betteraves que l'on repique aient *au
moins* la grosseur d'une forte plume à écrire. Au fur et à mesure qu'on
les arrache, et qu'on en a une poignée, il faut couper les feuilles à
la moitié , puis le petit bout de la racine, qui , lorsqu'elle est trop
longue et trop menue, se replie en l'enfonçant dans le trou fait par
le plantoir ; ensuite on trempe les racines et le collet des plants dans
un enduit ou bouillie assez clair fait avec de la bouse de bête à cornes,
de la terre et un peu d'eau. On met cet enduit, ou *onguent de saint
Fiacre,* dans une brouette dont le devant est fermé par une porte à

---

laissées tremper, à une chaleur de 18 à 30 degrés *Réaumur*, et il les a retirées aussitôt que le germe a commencé à sortir.

M. *Otto* a placé les graines dans une fiole remplie d'*acide oxalique* et les y
a laissées séjourner jusqu'à ce que la germination ait commencé, ce qui a eu
lieu généralement en 24 ou 28 heures. Il faut retirer les graines de la fiole
aussitôt qu'il se manifeste le plus léger mouvement de végétation.

coulisse, et l'arracheur la roule à côté de lui. Cet enduit préserve le chevelu du contact de l'air, et l'empêche de se dessécher. Il ne faut employer, pour repiquer, que des jardiniers, parce qu'eux seuls savent le faire, et si on est forcé d'avoir des manœuvres, il faut qu'un jardinier leur ait montré qu'après avoir placé le plant dans le trou, sans replier la racine, on doit alors enfoncer le plantoir, de manière que sa pointe pénètre plus bas, et *en dessous* de la racine du plant, pour bien serrer la terre contre *la pointe* de la racine. De là dépend le succès de la transplantation; c'est plus essentiel que de serrer la terre contre le collet du plant.

Pour bien assurer le succès de la transplantation, quand il n'y a pas d'eau tout près du champ, je fais remplir un gros tonneau que l'on place sur une charrette, et d'où on tire l'eau dans des arrosoirs. Je fais donner environ ½ litre à chaque plant, moins pour donner de l'humidité que pour tasser la terre contre la racine, expulser l'air et combler les vides. J'ai eu la preuve de la supériorité que des betteraves *arrosées* ont eue sur celles qui ne l'ont pas été, toutes les deux repiquées le même jour, et à côté les unes des autres.

La transplantation m'a toujours bien réussi, et m'a coûté moins que le 1er sarclage des betteraves qu'en 1819 j'avais semées en place. Ce sont les betteraves transplantées qui m'ont donné les plus fortes récoltes. M. *Cobbett* a obtenu les mêmes résultats en ANGLETERRE et aux ÉTATS-UNIS.

On peut semer en place, de bonne heure, au printemps, la moitié de sa terre sur billons, et y laisser le plant nécessaire pour l'autre moitié, dont on ne formera les billons qu'au moment de la transplantation, à la fin de juin ou au commencement de juillet. Le repiquage peut se faire dans une terre qui vient de donner une récolte de trèfle incarnat, d'escourgeon, et surtout de vesces d'hiver, coupée en vert pour fourrages, pourvu cependant que la terre ne soit pas envahie par le chiendent. Si la terre n'a rien porté, on aura eu d'autant plus de facilité pour la bien préparer et pour enfouir les mauvaises herbes que les 1ers labours auront fait pousser.

La betterave venue sur billon n'a pas besoin d'outil pour être arrachée; elle vient à la main quand, en la saisissant par les feuilles, on la tire de côté.

On m'a plusieurs fois représenté que les betteraves très grosses, comme celles que les billons peuvent produire, n'ont pas le jus aussi riche que les petites betteraves; mais je n'admettrai l'objection que lorsque des expériences comparatives faites avec des betteraves *ainsi cultivées* auront prouvé qu'elle est fondée, et en attendant je ferai d'abord remarquer que, pour diminuer la grosseur des betteraves, on peut les rapprocher l'une de l'autre sur les billons, et les laisser à 6 ou 9 pouces de distance au lieu de 12 à 15 pouces ; je dirai ensuite qu'une récolte double en poids, mais d'un jus un peu moins riche, sera, en définitive, plus profitable qu'une récolte dont le jus, quel qu'il soit, ne peut pas compenser l'extrême diminution du poids.

Depuis long-temps j'ai fait le plan d'un semoir à cuillers attaché à une charrue qui *laminerait* les billons, et semerait les betteraves à la distance voulue sur le sommet des billons. Un rouleau concave et ayant la forme des billons presserait ensuite la terre sur les semences. Mais je n'ai pas encore été à même de faire exécuter ce semoir et cette charrue, ne connaissant aucun sucrier de betterave.

Des expériences faites avec soin ont prouvé que dans la betterave à sucre il n'y avait que 3 p. % de matière solide, et que tout le reste était du jus. Mais les râpes en usage sont bien loin de pouvoir déchirer toutes les cellules des racines et donner issue au jus ; aussi le poids des résidus est-il au moins de 25 p. %. Après avoir longuement médité sur les moyens de retirer aisément des betteraves *tout* le jus qu'elles contiennent, j'ai communiqué à M. *Pecqueur* (1) un plan qui consistait tout simplement à remplacer la râpe en usage par un moulin à blé ordinaire, et à moudre la betterave comme on moud le grain. Les meules déchireraient complètement toutes les cellules des racines, et le jus, par son abondance, ne pourrait pas s'échauffer, mais coulerait froid. Je crois que les 3 p. % de matière ligneuse s'élèveraient avec les écumes au 1er coup de feu, et pourraient être facilement enlevés avec une grande écumoire, comme je l'ai vu faire pour le jus de canne à Saint – Domingue et à la Louisiane. Ces grosses écumes sont données aux mulets, qu'elles engraissent d'une manière remarquable.

L'essai de ce procédé coûterait bien peu à un sucrier qui serait voisin d'un moulin à farine. Après que les meules auraient été taillées, dressées au sable, et bien lavées pour ôter la farine ancienne, on pourrait moudre un tombereau de betteraves, dont on recevrait le jus dans un cuveau, au moyen d'un petit conduit en bois ou en fer-blanc adapté à l'anche. On porterait tout ce jus dans la chaudière, et on écumerait avec soin. Si cette expérience réussissait bien, et qu'on voulût l'exécuter en grand, il faudrait établir *au dessus* des meules un coupe-racine tourné par le moulin au moyen d'une courroie ou un pilon, afin de réduire les betteraves en morceaux qui puissent

---

(1) Habile fabricant d'appareils à vapeur pour cuire le sucre, rue Neuve-Popincourt, n° 11, à Paris.

entrer entre les meules. Ce pilon serait un mortier en bois ouvert dans toute sa longueur, et dont le fond serait formé par 4 ou 5 barreaux de fer, entre lesquels la betterave serait forcée de passer, étant écrasée et pressée par le pilon, que la roue à eau élèverait, comme celui de l'ancien moulin à tan. Sortant du mortier, les morceaux tomberaient dans l'œillard de la meule. On jetterait une à une les betteraves entières dans une auge très inclinée qui les ferait glisser dans le mortier. L'opération dont il s'agit une fois terminée, les meules pourraient ensuite être rendues à leur première destination.

DE L'ARGILE BRULÉE.

A la suite de son Mémoire sur la culture des rutabagas, des choux et des betteraves, M. *W. Cobbett* décrit sa manière de brûler l'argile, et il en recommande *fortement* les cendres pour toute espèce de récoltes, comme on le verra à la fin de cet article. Je savais que cette argile brûlée avait été préconisée par le général *Beatson*(1), ainsi que dans l'American Farmer (le Cultivateur américain); enfin, j'ai trouvé, dans le 36e volume des *Transactions* de la Société d'encouragement de Londres, les détails d'une expérience comparative faite avec la même substance par M. *Edmunt Cartwright*, sur un terrain argileux et froid, et j'ai pensé qu'on me saurait peut-être gré de reproduire ici ces détails.

Il avait été répandu

	1er *acre* de terre (40 ares)	50 *bushels* de suie	(17 hect. 85 lit.),		
Sur un	2e	100 *id.* de cendres de bois	(35	70	),
	3e	400 *id.* d'argile brûlée	(142	80	).

Ce qui établissait, entre les 3 engrais, la proportion de 1-2-8; un 4e *acre* n'avait rien reçu.

Le tout, réduit en mesures métriques, donne pour *un* hectare les chiffres suivans:

---

(1) Le même qui a voulu remplacer la charrue par une espèce de herse, ou plutôt de scarificateur qu'il passait sur la terre à plusieurs reprises successives, en enfonçant chaque fois davantage les dents ou coutres dans la terre. Cet instrument a beaucoup d'analogie avec la herse-*Bataille*.

	Choux.	Pommes de terre.	Rutabagas.
Point d'engrais.............	9,885 kil.	303 hect. 35 lit.	10,292 kil.
44 hect. 10 lit. de suie..........	10,887	406 85	24,923
88 20 cendres de bois.	12,300	383 92	16,844
352 80 argile brûlée...	17,365	428 27	25,460

Le chou mentionné ci-dessus s'appelle en anglais *kohlrabi*, et je crois que c'est le chou *caulet* ou chou à vache de la FLANDRE.

Un mètre cube, ou 10 hect. d'argile brûlée, a coûté, de combustible et de main-d'œuvre, à peu près 1 fr. 25 c. L'hectolitre de ces cendres pèse à peu près 1 quintal métrique ou 100 kil.

Voici ce que le docteur *Loudon* dit de cette argile, dans son *Encyclopédie d'Agriculture* (2e édition, Londres, 1831).

« Art. 3219. L'opération de sécher et de brûler l'argile pour engrais est en grande partie semblable à celle de l'écobuage de la surface. Le brûlement de l'argile a été opéré, dans différens temps, avec énergie et succès, et, à d'autres époques, il est tombé en désuétude. Le livre le plus ancien dans lequel cette méthode est mentionnée est probablement le COMPAGNON DU GENTLEMAN CAMPAGNARD, par *Stephan Switzer*, jardinier (LONDRES, 1732) (1). En 1786, *James Arbuthnot* fit avec de l'argile brûlée plusieurs expériences heureuses, et il a été imité dans différentes parties du royaume. En 1814, M. *Alex. Craig*, de CALLY, près DUMFRIES, en a renouvelé l'usage, qui a été adopté presque immédiatement par le général *Beatson*, près TUNBRIDGE; puis par *Curwen*, *Burrows* et d'autres correspondans des journaux d'agriculture. Cette méthode est suivie dans plusieurs parties de l'Irlande, et c'est pour l'y avoir vu pratiquer que M. *Craig* l'a imitée en ANGLETERRE. Mais, en dernier résultat, les avantages de ce mode d'engrais ont été beaucoup exagérés; ils paraissent CONSIDÉRABLES sur les sols ARGILEUX, et si on ne l'avait appliqué qu'à CETTE NATURE de terre, au lieu de prétendre qu'il était propre à *tous* les sols, son emploi serait probablement devenu plus général. »

---

(1) *Olivier de Serres*, dans son *Théâtre d'agriculture*, recommande particulièrement l'écobuage des gazons. Il dit que dans le PIÉMONT on ajoute de l'argile aux gazons que l'on brûle ensemble.

(*Note du traducteur.*)

Je vais maintenant faire connaître les méthodes de MM. *Craig* et *Cobbett*.

L. Valcourt.

MÉTHODE DE M. CRAIG (1).

« Ayant eu l'occasion, ces années dernières, d'aller plusieurs fois en Irlande, j'ai remarqué que les cendres provenant de l'argile brûlée étaient employées, dans plusieurs parties de cette île, de préférence à la chaux, qui y est en abondance. Ce qui m'a le plus surpris, ç'a été de voir l'ignition s'opérer au moment même où l'argile était retirée de la terre humide sans la faire sécher, sans aucune préparation, et surtout sans aucun combustible ; et les magnifiques récoltes de blé et de tous autres grains, de lin et de pommes de terre qui étaient venues dans une argile forte, sans aucun autre engrais que cette terre brûlée, m'ont déterminé à en faire l'expérience chez moi, ce qui m'a réussi parfaitement depuis *trois* ans. J'ai fait usage des cendres pour les turneps et sur les prairies. *Trente* charges par *acre* (40 ares), chaque charge d'environ 1 *yard* cube (un peu moins qu'*un* mètre cube), me paraissent une bonne proportion.

» La méthode générale pour brûler l'argile consiste à faire, avec des gazons levés fraîchement, une enceinte d'à peu près 15 pieds de longueur sur 10 de largeur, et d'élever cette muraille de gazons de 3 pieds et ½ à 4 pieds de hauteur, sur une épaisseur de 3 pieds. On construit intérieurement, et aux quatre coins de cette enceinte, pour la circulation de l'air, des carneaux ou conduits qui vont diagonalement, et qui correspondent à autant d'ouvertures ménagées dans la muraille. Ces carneaux, qui n'ont que 2 à 3 pieds de longueur, sont faits avec des gazons placés de champ.

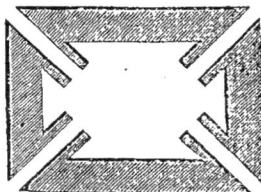

» On couvre tout l'intérieur de ce four, et principalement les 4 en-

---

coignures, de fagotage, de broussailles, de toutes sortes de bois, entre-
mêlés de gazons secs, et recouverts de ces mêmes gazons desséchés, et
on y met le feu. Le tout est bientôt embrasé; on jette par dessus de l'argile, pas trop épaisse d'abord, afin de ne pas étouffer le feu, et on la renouvelle aussi souvent qu'il est nécessaire pour entretenir la combus-
tion. Les carneaux des coins ne servent que dans le commencement,
pour bien allumer le feu, parce que, s'il brûle bien, les gazons qui forment ces carneaux sont bientôt consumés et réduits en cendres. On ne
laisse même ouvert que le carneau placé du côté du vent; on bouche
les trois autres, et on ne les ouvre que si le vent vient à tourner.

» Quand l'argile, que l'on jette successivement dans le four,
vient à s'élever, il faut aussi élever dans la même proportion la
muraille d'enceinte, qui doit dépasser toujours, au moins de *dix-huit*
pouces, afin que l'argile soit à l'abri du vent. Il arrive quelquefois,
quand la muraille est mince, qu'elle est entièrement brûlée, et
qu'elle s'écroule, surtout quand l'argile est amoncelée très haut dans
l'enceinte; alors le seul moyen de réparer la brèche est de construire
de ce côté une nouvelle muraille, depuis le sol, car tout le reste de
la muraille de ce côté ne tardera guère à être brûlé.

» On élève la muraille de manière à pouvoir jeter aisément par
dessus l'argile, avec la pelle, et on peut agrandir l'enceinte en
construisant de nouvelles murailles, quand on voit que les premières
sont presque brûlées. J'ai fait de ces fours qui avaient assez d'étendue pour permettre à un cheval de tourner sur leur sommet avec un
tombereau; mais lorsqu'ils sont si larges, il faut que l'ouvrier
marche dessus pour y jeter l'argile, ce que je ne recommande pas
de faire, parce que, moins l'argile est tassée, plus elle se brûle aisément. Toutefois je puis me dispenser de tant de soins pour mes fours,
parce que je tire de ma tourbière une quantité de bois et de souches
que je fais refendre. J'en fais une pile à laquelle je mets le feu, et
que j'entoure d'une quantité de gazons séchés. Quand le feu est bien
allumé, j'élève à l'entour une forte muraille de gazons; je continue
à jeter dessus de l'argile, et à élever une nouvelle muraille de gazons,
quand cela est nécessaire, et jusqu'à ce que mon tas soit d'une centaine
de charges de chariots. La précaution principale pour bien brûler l'argile est de faire la muraille de manière à ce que l'air
extérieur ne puisse y pénétrer, et que le dessus soit recouvert
complètement, mais *légèrement* d'argile, parce que si l'air extérieur
trouve accès à l'intérieur, soit par les côtés, soit par le dessus, il
fait brûler violemment pendant un instant, et éteint de suite le feu
qui n'a plus d'aliment. Il faut conduire ces fours comme ceux de
charbon de bois. L'argile se brûle plus aisément que la tourbe ou la

terre franche (*loam*); elle ne subit pas d'altération dans sa forme, et permet toujours à la flamme et à la fumée de passer par les intervalles des mottes; tandis que la tourbe et la terre franche, en s'affaissant, sont sujettes à étouffer le feu et à l'éteindre quand on ne prend pas les soins convenables. Il n'y a pas de règle pour fixer la grosseur des mottes que l'on jette sur le four, cela dépend de l'état plus ou moins incandescent du feu; mais j'ai toujours trouvé, à l'ouverture des fours, que toutes les mottes étaient complètement brûlées, et que quelques unes étaient plus grosses que ma tête. Il n'y a pas de doute que si on creusait l'argile d'avance, et si on la laissait se ressuyer et sécher avant de la jeter dans le four, elle brûlerait mieux; mais cela n'est pas nécessaire, et elle brûle, quoique étant presque mouillée. Quand le four est une fois bien en train, il ne faut plus ni charbon, ni bois, ni aucun combustible; l'argile humide brûle d'elle-même; le four ne s'éteint qu'autant qu'on le veut bien ou par négligence, et il suffit d'un peu d'attention pour n'avoir presque rien à craindre des mauvais temps. Lorsque l'ignition s'opère parfaitement, une personne qui n'est pas au fait de cette opération et qui, par impatience ou par excès de curiosité, ferait un trou pour voir dans l'intérieur, pourrait bien éteindre le feu, ou tout au moins le ralentir considérablement, parce que, comme je l'ai dit plus haut, l'important est de ne laisser aucun accès à l'air extérieur. Dans l'Est-Lothian, où on a une grande quantité d'argile et peu de gazons, il vaudrait peut-être mieux brûler l'argile dans des fours construits exprès, comme pour la chaux, avec des carneaux faits en briques.

» Mon argile brûlée me coûte un *shilling* la charge (1 fr. 20 c. le mètre cube); elle est tout ce qu'il y a de meilleur, mais un sous-sol d'une ténacité modérée ou de la terre à briques pourra également se brûler. »

MÉTHODE DE M. W. COBBETT.

«Art. 194. Dans les articles 99, 100 et 101, j'ai parlé de la manière de se procurer de l'engrais en brûlant l'argile, et j'ai dit que je me proposais de l'essayer cette année, 1818. Je l'ai fait, et je vais en faire connaître les résultats. »

« Art. 195. J'ai employé cet engrais pour les choux, les rutabagas, le maïs et le sarrasin. Pour les trois 1res plantes, les cendres ont été mises dans la raie, et la terre a été rejetée par dessus avec la charrue, de la manière décrite dans l'art. 77, en parlant de la transplantation des rutabagas. J'en ai mis à raison d'environ 20 tonneaux par *acre* (1,000 livres par are). Quant au sarrasin, je les ai répandues dessus, assez épais, avec une pelle qui les prenait dans un tombereau, à raison de 30 tonneaux par *acre* (1,500 livres par are); mais aussi le sarrasin, ainsi amendé, valait 3 à 4 fois celui d'à côté, qui ne l'avait pas été. La terre était très maigre. »

« Art. 196. Dans toutes les circonstances, ces cendres ont produit un *grand effet*, et je suis presque certain qu'avec elles on peut faire croître toute espèce de récoltes. Je sais bien que le fumier d'étables et les cendres de bois sont préférables, quand ils ne coûtent rien et qu'on n'a pas à les voiturer de trop loin, parce qu'il en faut moins que de cendres d'argile, et par conséquent on aura moins de mal pour les voiturer et pour les étendre; mais si on entre sur une ferme où l'on ne trouve pas de ces engrais, qu'y a-t-il de plus à la portée et à meilleur marché que ces cendres d'argile (1)? »

« Art. 204. Je viens de décrire comment se pratique l'écobuage de la surface; mais ce que je recommande ici n'est pas de brûler la terre *que l'on veut cultiver*, mais *une autre terre* dont on répandra les cendres sur celle que l'on cultivera. Voici comment je fais cette opération. Je trace un cercle ou un parallélogramme. Je lève des gazons épais, et j'en construis, autour de mon tracé, une muraille de 3 pieds d'épaisseur et de 4 pieds de hauteur. J'allume dans le milieu un feu que j'entretiens avec du fagotage, du bois mort et tout ce que j'ai à portée; j'augmente le bûcher jusqu'à ce qu'il couvre toute l'enceinte, et j'y mets des souches d'arbres et tout le mauvais bois, jusqu'à ce qu'il y ait un bon lit de charbons allumés. Je les recouvre avec des gazons que j'ai levés avec la charrue et que j'ai laissés sécher. Ces gazons sont bientôt en feu. On voit la fumée sortir çà et là, par petites places, et il faut remettre de suite de nouveaux gazons sur tous les endroits d'où l'on voit sortir la fumée. On continuera ainsi pendant 1 jour ou 2, et on aura une grande masse qui sera en feu. On commencera alors à creuser l'argile autour du four, et sans plus de façons on la jettera dessus, ayant toujours soin *de ne pas laisser échapper la fumée*, car si elle prend une fois issue quelque part, toute la masse s'enflammera comme un volcan, et dans peu de temps le feu s'éteindra. »

« Art. 205. Un bon moyen de s'assurer comment va le feu est d'introduire le doigt çà et là dans le dessus de la masse; si vous sentez le feu approcher, jetez-y de l'argile. Il ne faut pas en mettre trop à

---

(1) Dans les articles suivans, **M.** *Cobbett* décrit la manière ordinaire d'écobuer, c'est à dire de brûler les gazons. C'est ce que l'on trouve dans beaucoup d'ouvrages d'agriculture, ainsi je n'en parlerai pas. (*Note du trad.*)

la fois dans la même place, parce que trop de poids enfoncerait l'argile déjà brûlée; d'ailleurs trop d'argile humide ne prendrait pas feu aisément. Vous continuerez à jeter de l'argile jusqu'à ce que vous ayez rempli l'enceinte à la hauteur des murailles, que vous pourrez élever davantage, puis remplir d'argile. Lorsqu'une fois la masse est bien embrasée, la pluie ne peut l'éteindre. »

« Art. 206. Le principe de cette opération est d'empêcher l'air de pénétrer, soit par les côtés, soit par le dessus, et l'on est sûr de réussir toutes les fois qu'on ne laisse aucune issue à la fumée. »

« Art. 207. Aux ÉTATS-UNIS, où l'on a tant de bois, rien n'est plus aisé que d'avoir un bon lit de charbons ardens, et alors il faut moins de gazons; mais si le combustible est rare, il y a nécessité d'avoir une plus grande quantité de gazons préparés comme pour l'écobuage ordinaire. »

« Art. 208. Si votre four doit être grand, donnez-lui 10 pieds de largeur : on pourra jeter aisément l'argile avec la pelle; mais avant d'en mettre, le feu doit être bien allumé, et il faut commencer avec des gazons qui s'embrasent plus aisément que l'argile. On ne mettra celle-ci que lorsqu'on aura une grande masse de gazons en feu, et ensuite on pourra brûler autant d'argile que l'on pourra y jeter sans trop de peine. »

« Art. 209. Lorsque votre four sera aussi gros et aussi élevé que vous le désirez, laissez-le se consumer et se réduire en cendres. Si vous voulez employer de suite les cendres, ouvrez le four; dans une semaine, elles seront assez refroidies pour être transportées. »

« Art. 210. On peut brûler la tourbe de la même manière; c'est ce que l'on fait dans diverses parties de l'ANGLETERRE, et on va en chercher les cendres à 6 et 7 lieues de distance. »

« Art. 211. Cependant il est certain que ces cendres de tourbe n'opèrent pas également sur tous les sols; on les emploie ordinairement sur les terrains plus élevés et plus maigres, et on les répand à la main sur les *trèfles* et les *sainfoins*. Mais quand on est à portée de s'en procurer, on fera bien de les essayer en petit, quand ce ne serait que sur 1 mètre carré.

« Art. 212. Mais quant aux cendres d'argile brûlée dans un four d'où la *fumée n'a pu s'échapper*, j'ai éprouvé leur excellent effet. Cependant je recommande de les essayer aussi en petit, et l'on se rappellera que la quantité que l'on doit en mettre par *acre* est CONSIDÉRABLE, au moins 30 tonneaux (1,500 livres) par acre; mais pourquoi ne pas en mettre cette quantité, puisque ces cendres coûtent si peu à faire ? »

5

RACE OVINE.

Voici, sur les moutons, la traduction de divers mémoires fort peu connus des cultivateurs français, et qui pourront les mettre à même de comparer, avec quelque avantage pour eux, les méthodes anglaises et américaines avec les leurs.

DE L'ÉLÈVE DES MÉRINOS EN ANGLETERRE (1).

Pendant 20 années, j'ai réussi à élever des mérinos de pur sang, qui, au lieu de dégénérer, comme on prétendait que cela arriverait dans ce pays, ont, au contraire, éprouvé une notable amélioration. Cette éducation a eu lieu, pendant l'hiver, dans une cour ouverte (*straw-yard*); je crois être le seul qui l'aie faite de même et sur une échelle aussi étendue, et voici, sur l'origine de mon troupeau, ainsi que sur le système que j'ai suivi, quelques observations qui répondront, je l'espère, aux désirs de notre Société d'Encouragement.

Il y a environ 20 ans que les *Cortès* d'Espagne envoyèrent au feu Roi une certaine quantité de moutons choisis dans deux de leurs troupeaux les plus distingués, les *Negrettes* et les *Paulars*. Peu de temps après leur arrivée à Kew, on résolut d'en retirer les plus vieilles brebis et de les vendre. Domicilié dans les environs et me trouvant sur les lieux, j'achetai 80 brebis et 2 beliers. Je pouvais choisir; mais comme les *Negrettes* ont toujours été considérés comme les plus gros des moutons mérinos, et que leur laine était très renommée, je les regardai comme la race la plus convenable et je les préférai aux *Paulars*.

Lorsqu'un propriétaire a des moutons d'espèces différentes, il n'a plus de certitude parfaite qu'il n'y aura pas de mélange; je me déterminai donc à vendre quelques autres mérinos que je m'étais procurés précédemment, ainsi que tous mes moutons anglais, et depuis ce moment, je n'ai jamais eu un seul mouton d'une autre espèce; j'ai toute raison de croire que mon troupeau est le seul *Negrette* parfaitement pur, ceux qui ont été vendus à la même époque à d'autres propriétaires ayant ensuite été mélangés avec d'autres mérinos purs ou métisés, et cette race se trouvant éteinte en Espagne par suite des ravages et de la confusion que la guerre y a occasionés; cependant, les noms de la plupart des troupeaux y sont toujours

---

(1) La Société d'Encouragement de Londres a décerné sa grande médaille d'or à l'auteur de ce mémoire.　　　　(*Note du traducteur.*)

conservés, et les ballots de laine portent encore les mêmes marques ; mais les *Negrettes*, qui appartenaient à une noble famille, sont totalement perdus.

En sus de mes 80 brebis et de mes 2 beliers, j'achetai, pendant quelque temps, d'autres bêtes dont j'eus le choix parmi les meilleures *Negrettes* du troupeau royal ; mais la laine de mon troupeau ayant acquis une grande supériorité en finesse et en douceur, et cet avantage pouvant se perdre avec d'autres animaux que les miens, je vendis les derniers beliers que j'avais achetés, pour ne conserver que ceux qui étaient mes propres élèves.

J'ai dans ce moment environ 700 bêtes de choix, qui proviennent de cette source, savoir : 300 brebis portières, à peu près le même nombre d'antenais mâles et femelles, et 100 moutons.

Lors de mon premier achat, les animaux avaient une très vilaine apparence ; de longs fanons leur pendaient sous la gorge ; la peau était flasque sur tout le corps : les toisons des meilleures bêtes étaient très malpropres, la laine de la partie postérieure était souvent plus commune que celle du devant ; tous mes efforts tendirent à faire disparaître ces défauts.

En conséquence, je ne négligeai aucune occasion de me procurer, soit auprès des manufacturiers, soit auprès des autres personnes expérimentées, tous les renseignemens possibles sur les meilleures laines étrangères ; je tâchai d'obtenir le plus haut degré de perfection par des accouplemens sagement combinés, et je m'aperçus bientôt que ma laine s'améliorait progressivement en finesse, douceur et qualité soyeuse. Les parties précédemment grossières disparaissaient ; j'acquérais plus d'uniformité, et pour beaucoup d'animaux j'étais parvenu à un tel degré qu'aucune différence sensible n'était plus remarquable ; toute la toison était d'une finesse égale sur tout le corps, même aux jarrets.

Le sang de mon troupeau s'étant purifié de plus en plus après un certain nombre de générations, j'ai presque la certitude que la laine qui en provient actuellement ne perd rien de ses avantages primitifs, tandis que, dans le commencement, beaucoup d'agneaux des meilleures brebis avaient, plus tard, une laine inférieure à celle de leurs mères.

Tout en obtenant cette amélioration, je m'apercevais que mon troupeau gagnait aussi en force. Plus de fanons grossiers et de relâchement général de la peau ; et la charpente osseuse est devenue plus ample et plus carrée. Tous les membres ont entre eux plus de symétrie ; la majorité de mes bêtes est réellement belle ; elles ont beaucoup d'aptitude à prendre la graisse ; et leur viande est très estimée, tant pour la finesse que pour le goût.

J'ai eu quelques individus plus forts les uns que les autres, mais une taille élevée ne me paraît pas préférable aux autres qualités ; je suis persuadé qu'un mouton qui, sans être fin-gras, pèse de 98 à 112 livres anglaises (90 à 104 livres françaises), comme les miens, est un animal de la taille qui convient le mieux sous tous les rapports, sur une ferme, soit de terres arables, soit de pâturages élevés ou bas. Je crois, en outre, que des moutons de petite espèce, pouvant être placés en plus grand nombre sur une étendue donnée de terrain, obtiennent un poids égal à celui d'animaux d'une taille plus élevée qui auraient été mis sur un terrain d'une étendue analogue ; mais peseroient-ils même 25 p. % de moins, ils n'en sont pas moins profitables au propriétaire, parce que leur chair est plus délicate, qu'elle est plus recherchée et qu'elle se vend mieux, les bouchers ayant reconnu que l'embonpoint excessif qu'on fait acquérir aux moutons à laine courte et de haute stature nuit beaucoup à la qualité de la viande. Ainsi, le croisement des brebis mérinos de pur sang améliore la laine et me procure un débouché plus avantageux pour la boucherie, et je dois ajouter que la graisse de mes moutons, malgré le préjugé contraire, est préférée à la graisse de bœuf pour les différentes préparations de la cuisine.

Les détails que je vais maintenant donner sur l'éducation de mon troupeau embrassent seulement les trois dernières années, cette période étant celle pendant laquelle j'ai fait l'application de mon système avec le plus d'attention et de soins.

Ma ferme est toute en terres arables, et le sol est, en général, trop mou pour supporter les moutons pendant l'hiver. Je les retire donc des champs que, loin de bonifier, ils détérioreraient, si je les y laissais parquer pendant les mois pluvieux de cette saison. Je les place, comme les bêtes à cornes, dans une cour environnée d'appentis légers, placés sur poteaux, lattés en perches minces et couverts en paille ; l'extérieur est garni de claies recouvertes de plâtre, et le côté donnant sur la cour reste entièrement ouvert.

Je fais arracher mes turneps (navets) de bonne heure à l'automne, et je les fais placer autour de la cour à moutons. Je les abrite par une couverture de paille, ou bien, après les avoir empilés avec soin, comme une toiture à double pente Λ, et les avoir recouverts d'un peu de paille, je fais mettre dessus de la terre que je fais battre, pour empêcher la pluie de pénétrer. Ces racines sont sous la main, et toujours tendres, même pendant les gelées les plus fortes, tandis

que les turneps qui, à la manière ordinaire, sont restés dans les
champs, ne sont alors, pour ainsi dire, que des morceaux de glace.
C'est avec ces racines et avec de la paille d'avoine, d'orge, de pois
et de féveroles que je nourris mon troupeau de garde.

Les animaux que je destine à la boucherie ont un peu de foin ;
j'en donne également, autant que je peux en ménager à cet effet, à
mes brebis après l'agnelage, qui a lieu ordinairement en février. Les
navets et le fourrage sont placés dans des mangeoires. Dès le principe, on répand dans la cour du chaume ou de la paille, qu'on renouvelle de temps en temps, afin que les moutons soient dans un
état de propreté satisfaisant.

Le fumier est enlevé au moins une fois pendant l'espace de temps
que le troupeau reste dans la cour, pour prévenir l'échauffement, et
pour que ce fumier ne devienne pas trop humide et malsain pour le
troupeau. On place d'abord un peu de paille propre dans le fond des
mangeoires, et les moutons gâtent à peine une poignée de racines,
tandis que si on les lâche dans les champs de turneps, ils en abîment
une portion très considérable par leur trépignement.

Une cour pareille, qui aura 120 pieds sur 90, et dont les hangars auront de 10 à 12 pieds de largeur, sera suffisante pour tenir
à l'abri 400 moutons, ce qui fait 27 pieds carrés par tête. Toutes les
fois que le temps le permet, on doit cependant faire sortir le troupeau, et le tenir pendant une partie de la journée sur un pâturage ou sur une terre quelconque, qui ne sera pas trop humide ;
mais on n'a pas toujours cette facilité. Dans ce cas, il faudra donner
plus d'étendue à la cour, pour que les animaux puissent y prendre
de l'exercice. Une brebis avec son agneau demande un peu plus
d'espace que je n'en ai assigné plus haut, et l'on ne doit pas oublier
que je ne parle ici que d'animaux de la taille des mérinos. Mais si
l'on a de la paille en abondance, on ne doit pas craindre d'agrandir
l'espace, parce qu'alors on fait une plus grande quantité d'un fumier extrêmement riche, et cet avantage vaut bien la peine qu'on
augmente la construction, d'ailleurs peu coûteuse, des hangars que
l'on s'abstient d'établir du côté du midi.

Aussitôt que la terre le permet, on fait sortir le troupeau pendant
la journée pour parquer ou pour manger les turneps tardifs, la navette ou les seigles précoces. On continue à parquer ces différentes
récoltes, auxquelles doivent succéder la lupuline, le ray-grass, le
trèfle, les vesces, la navette du printemps, et les turneps ou navets.
On agit ainsi pendant le printemps, l'été et l'automne. Lors de cette
dernière saison, s'il y a de quoi manger dans les éteules et dans les
vieux trèfles, on y fait pâturer les moutons au large ; mais dans les

parties les moins riches des mêmes champs, on les renferme pendant
la nuit dans un parc que l'on change à la manière ordinaire. Dans ce
parc, comme dans la cour, pendant l'hiver, les diverses catégories
de moutons sont séparées par des claies.

Les plantes et racines que j'ai mentionnées plus haut sont également bonnes, à l'exception du seigle, qu'il y a quelquefois nécessité
de faire consommer de bonne heure au printemps, le seigle est une
nourriture peu substantielle, et il cause des tranchées ; aussi m'abs-
tiens-je d'en donner quand ma provision de racines est copieuse et
bien conservée. La navette (rape) est échauffante lorsqu'elle commence à croître ; il faut ne la donner alors qu'avec beaucoup de précaution ; mais lorsqu'elle est bien mûre, c'est à dire lorsque les feuilles
basses commencent à pourrir, et que la couleur qui était d'un vert vif
est devenue brune, cette plante est fort saine et extrêmement nu-
tritive. Si la rareté d'autres alimens force d'employer la navette
dans son état de croissance, et lorsqu'elle est encore verte, on doit
la couper, et la laisser se faner pendant un jour avant de la faire
consommer, afin de prévenir les effets fâcheux que j'ai signalés.

Faire manger en parquant les récoltes vertes, quelque légères qu'elles
soient, me paraît préférable à l'ancienne coutume de faire pâturer
pendant le jour, et ensuite de faire parquer pendant la nuit sur les
jachères, parce que, dans ce cas, les moutons enrichissent la terre
qui les a nourris. Cependant, lorsque près de la ferme on a des pa-
quis (downs) ou des pâturages pauvres, mais sains, on fera bien de
les y faire paître pendant une partie de la journée, et parquer ensuite pendant la nuit.

C'est une erreur de croire que les alimens aient une influence
quelconque sur la finesse de la laine ; je suis certain, d'après mon
expérience personnelle, qu'elle provient uniquement de la pureté
du sang. Le malaise que la parcimonie de nourriture occasione aux
animaux peut bien rendre la laine plus courte, plus cassante et
plus tendre, comme on dit ; mais si l'animal possède intrinsèquement
la propriété de donner une toison fine, douce et soyeuse, ces qualités ne sont pas perdues, quand même la laine s'allongerait par une
nourriture plus abondante. Les moutons aiment que leur nourriture
soit changée de temps en temps, et cette variété leur est favorable.

L'usage du sel n'est pas généralement adopté. Les uns y attachent
peut-être trop d'importance, et les autres se refusent à l'employer.
Selon moi, cette substance paraît propre à préserver de la pourriture, si on l'emploie à propos dans des temps humides, lorsque les
moutons paissent les prairies, principalement au commencement
des brouillards et des gelées blanches de l'automne, et pendant les

pluies de l'été et de l'hiver. On leur donne du sel de roche , ou , à son défaut , du sel commun : ils lèchent le premier , et ne prennent de l'autre que ce qui leur est nécessaire.

Je fais rarement usage du sel , non qu'il me répugne de l'employer, mais parce que j'ai la conviction que les moutons traités comme les miens n'en ont pas besoin ; en les parquant sur des terres arables saines , dont on leur fait manger la récolte et qu'on ne cultive pas dans le moment , et en les maintenant pendant l'hiver comme je l'ai indiqué , ils ne sont jamais sujets à la pourriture. Enfin , dans mon opinion , le sel n'est pas plus favorable à la qualité de la laine que la variété de la nourriture ne lui est nuisible , quoique quelques personnes s'imaginent le contraire. Je n'ai jamais eu de laines plus fines et plus douces que lorsque les moutons ont été entièrement privés de sel pendant la croissance de leurs toisons.

D'après une expérience de 9 années , je suis convaincu que les mérinos peuvent aisément s'acclimater en ANGLETERRE ; que, par de bons croisemens , ils doivent augmenter la valeur de nos troupeaux indigènes , et qu'ils doivent contribuer en même temps à l'amélioration de nos terres.

Si l'explication dans laquelle je viens d'entrer sur cette précieuse race de moutons aide à détruire le préjugé que l'ignorance de ses avantages ou des motifs d'intérêt personnel ont accrédité contre elle , il me sera doux de penser que mes travaux n'auront pas été entièrement inutiles à mon pays. Je regarde , en effet , comme très important , pour nos fabriques de draps , de n'avoir à employer que de belles laines d'origine anglaise , et de les soustraire ainsi à la nécessité de s'approvisionner à l'étranger , tandis que chaque année nos toisons grossières excèdent de beaucoup nos besoins , sans aucune chance d'être recherchées au dehors.

Les schalls confectionnés par MM. *Fryer* de BRIDGE-STREET , BLACK-FRIARS , avec les laines de mon troupeau qui ont été filées par MM. *Pease* de DARLINGTON , font , ce me semble , honneur à nos manufactures anglaises , et notre amour-propre national doit en être flatté.

Mes laines ont atteint un tel degré de perfection que , même dans l'état de dépréciation où sont tombées toutes les autres de l'année dernière (1828), la tonte entière de mon troupeau a été vendue à 3 *schellings* 6 *pence* la livre (9 f 29 le kil.), aux mêmes manufacturiers qui avaient employé mes laines précédemment ; ils avaient été tellement satisfaits de l'extrême douceur pendant les différentes opérations du travail , qu'ils ont retenu les toisons , et qu'ils en ont réglé le prix d'avance , lorsqu'elles étaient encore sur le corps des animaux. D'après le rapport du comité de la Chambre , et d'après tous les autres documens que j'ai pu me procurer, ce prix est double de celui qu'a obtenu tout autre troupeau du royaume, et si j'en juge d'après la différence du poids des deux pays, les toisons de mes animaux, qui sont presque tous des brebis, pesant l'une dans l'autre de 3 à 4 livres, ont eu à la même époque une cote supérieure à celle des toisons provenant de la SAXE.

JOSHUA KIRBY TRIMMER,
Strand-on-the-Green, near Kew.

TONTE DES MÉRINOS APRÈS 2 OU 3 ANS (1).

La laine du n° 1er aura 3 ans à la tonte prochaine; je l'ai prise moi-même ce matin (1er janvier 1827) sur le dos de deux moutons, et je l'ai arrachée avec presque autant de difficulté pour moi, et avec autant de douleur pour les animaux que si elle n'avait eu qu'une année de crue. Les moutons auront 3 ans à la mise-bas prochaine. Ils sont gras, et leur poids, si on les tuait maintenant, serait, je crois, de 125 livres chacun. La force et l'élasticité de la laine sont très remarquables, et ce qui ne l'est pas moins, c'est l'impossibilité de découvrir aucune différence dans la crue des diverses années. J'estime le poids d'une des toisons à 25 livres, et l'autre à 28 ou 30 livres, en suint. Les moutons sont restés dans la bergerie pendant 2 ans. Leur nourriture a été, selon la saison, de vesces, trèfle, foin, herbes naturelles, turneps, disette et avoine.

J'ai envoyé dernièrement deux moutons à Londres. La toison de l'un des deux était dans sa troisième année de croissance, et pesait 26 livres. Ces animaux auraient eu 4 ans au printemps prochain. Voici le poids de leurs différentes parties :

---

(1). L'auteur de ce mémoire, qui est membre du Parlement, a obtenu la médaille d'or de CÉRÈS de la Société d'Encouragement de LONDRES.

A la même séance, la médaille d'argent a été décernée à M. *Peter Green* pour la construction d'un chariot à deux étages, divisés chacun en quatre compartimens dans lesquels on peut transporter au marché 40 à 50 agneaux vivans.　　　　　　　　　　　　　　(*Note du traducteur.*)

Moutons sur pied. . . . . {le 1er. . . . . 239^{liv}
{le 2e. 244
                                                          ———
                                                          483

Carcasses. . . . . {l'une. . 158 } 303^{liv} (1)
{l'autre. . 145 }

Suif. . . . . 45 ½
Peaux. 44 ½
Tête. 14   } 483
Intestins. . . . . 32 ½
Fressures. 6
Sang. . . . . 15 ½
Immondices. 22

Le n° 2 contient la laine de 6 antenois : elle aura 2 ans à la tonte prochaine. Les animaux auront le même âge à cette époque, et ils auront alors passé une année à la bergerie : cette laine, à ce que je crois, sera assez longue pour être peignée, sans perte quelconque, la croissance qu'elle prendra d'ici à juin prochain devant être considérable.

Le n° 3 contient la laine de 4 agneaux non coupés, provenant du croisement d'un belier saxon, de 1er choix, avec des brebis mérinos, de 1re qualité, prises dans mon troupeau. Ces animaux sont nés de très bonne heure ; et conséquemment il y aura peu de perte à éprouver sur leur laine qui, je l'espère aussi, sera très longue et d'une qualité excellente.

Ma laine a été filée par M. *Vood*, de Bradford, dans le comté d'York, et elle a été tissée par M. *Oxley*, de Norwich, qui l'ont mélangée avec un peu de soie et en ont fait quatre robes charmantes, ainsi que plusieurs autres articles variés.

MM. *Fryers*, dans Bridge-Street, Black-Friars, paraissent employer des laines qui proviennent du 1er croisement de nos brebis à laine fine avec des mérinos anglais ; ils ont fait, comme les autres fabricans, de grandes améliorations dans la manière de peigner les laines courtes ; toutefois, plus le brin est long et mieux on réussit. Chaque année, je suis de plus en plus convaincu que les mérinos donnent une laine longue, fine, forte et propre à être peignée : leur éducation sera donc très profitable à tout cultivateur qui s'en occupera avec soin et intelligence. Indépendam-

———

(1) 303^l de viande + »^f 60^c = 181^f 80^c.

ment du grand parti qu'il tirera de la laine, il obtiendra de la
viande, à raison de sa délicatesse, un prix plus élevé que celui de
la viande des autres moutons.

L'année passée, dans le moment où les laines étaient à leur plus
bas prix, j'ai vendu les miennes en suint 28 sous de FRANCE, la livre,
à M. *Legge*, dans BERMONDSEY-STREET, et pendant les 3 années pré-
cédentes je les avais vendues 36 sous à M. *Vood*, de BRADFORD. Le
poids des toisons de la dernière tonte a été un peu au dessous de
mes évaluations : ce poids varie presque tous les ans de 1 livre,
mais plus ordinairement d'une ½ livre.

L'objet principal que j'ai en vue est de démontrer qu'un mouton peut
conserver sa toison dans toute sa force et sa beauté pendant 3 années,
et je ne doute pas que toutes les expériences ne soient confirmatives
de mon assertion. J'ai obtenu un produit qu'on n'avait jamais vu
auparavant, et qu'on ne regardait pas comme possible, presque
tout le monde pensant que la laine tombait d'elle-même tous les ans,
si elle n'était pas tondue. C'est aux manufacturiers à fixer le prix de
cette laine ; et alors les agriculteurs pourront apprécier ce qu'il y a
de plus convenable pour eux, à maintenir les moutons dans l'étable ou
dehors : mais que l'on comprenne bien que je n'entends pas laisser
la laine plus de 2 ans sur le corps des moutons ; par conséquent, il
ne faut qu'une année d'étable ; les bêtes ainsi tenues ne forment
qu'une partie du troupeau ; ce sont des moutons coupés que l'on renferme à l'âge de 16 ou 18 mois, que l'on tond à 28 ou 30 mois, lorsqu'ils sont en même temps bons pour la boucherie, et qu'ils sont choisis parmi les animaux qui, d'après la nature de leur laine, offrent le
plus de chances de succès. D'après l'excellence de nos pâturages, d'a-
près l'étendue de notre culture de turneps, et d'après notre goût
prononcé pour la viande de mouton, nos troupeaux doivent être une
source de prospérité pour ce pays, et nous resterons probablement
producteurs *exclusifs* de la laine longue, forte et fine. Les Français,
il est vrai, importent chez eux nos moutons, mais s'ils ne les nourrissent pas mieux que leurs troupeaux indigènes, la laine de nos
southdowns deviendra bientôt cassante ; ensuite sa longueur dimi-
nuera, et elle ne sera plus aussi propre au peignage.

Un des principaux manufacturiers de BATH m'a assuré, dernièrement, qu'il serait avantageux d'employer, pour la trame de nos
étoffes, la laine saxonne la plus fine.

Je donne à mes moutons autant de sel qu'ils veulent en manger.
Pendant le printemps, lorsque les brebis et leurs agneaux paissent
dans les prés arrosés, ils en consomment une grande quantité. Je
n'ai pas le moindre doute sur l'effet salutaire de cette substance.

Je ne puis pas dire si les moutons de notre pays perdent leur laine,
mais j'en ferai l'essai. Il n'y a guère, ce me semble, que l'insuffi-
sance de nourriture qui produise cet effet, ainsi que l'on peut en
juger par les bêtes qu'on laisse sur les communs; alors la toison
tient faiblement à la peau; les buissons et le grattement continuel
occasioné par la gale ou les poux leur font tomber successivement
la laine, qui se détache d'elle-même toutes les fois que les moutons
sont malades.   CHARLES CALLIS WESTERN.

Felix Hall, near Kelvedon.

Cinq minutes de réflexions sur les MOUTONS MÉRINOS AUX ÉTATS-
UNIS D'AMÉRIQUE, *par un cultivateur du* MARILAND.

Voici les règles bien simples qu'il suffit d'observer pour conserver
les mérinos et leur faire produire une bonne laine :

1°. Nourrissez vos agneaux dès le moment de leur naissance;

2°. Maintenez-les en bon état dans toutes les saisons et pendant
toute leur vie;

3°. Défaites-vous-en dès qu'ils ne peuvent plus manger beaucoup
et que la nourriture ne leur profite plus.

Il faut régler le moment de la monte de manière à ce que les brebis mettent bas vers le 10 février (1), alors le fort de l'hiver est
passé, et le temps s'adoucit chaque jour. Les agneaux précoces sont
les plus avantageux, et avec les précautions convenables, on peut,
à cette saison, en sauver 95 sur 100. Lorsqu'on perd plus de 5 p. o/o
en agneaux, c'est faute de soin. En comprenant les portées doubles,
on peut aisément élever, tous les ans, plus d'agneaux qu'on n'a de
mères.

Qu'on se souvienne, si l'on veut réussir, que l'œil du maître est
le moyen le plus sûr. Pendant la période importante de la gestation,
il doit examiner son troupeau tous les jours au moins une fois. Le
berger, qui devra être un homme fidèle et adroit, le visitera à inter-

---

(1) J'ai lu, dans un ouvrage anglais, la recommandation de faire naître
les agneaux sur la fin d'octobre ou au commencement de novembre, parce
que le temps est encore doux, et surtout parce qu'à cette époque on a une
grande abondance de racines en bon état, qui procurent aux brebis une
grande quantité de lait. Près de PARIS, avec de grandes brebis, soit de la
FLANDRE, soit du WURTEMBERG (d'après la nature plus ou moins sèche de la
ferme), croisées par des béliers de DISHLEY, on pourrait fournir, dès le
printemps, des agneaux très forts qui se vendraient bien.

(*Note du traducteur.*)

valles rapprochés , pendant la journée , et particulièrement de très bonne heure et très tard. Près de l'enclos principal avec abris , il faudra en préparer un petit pour l'agnelage , dans lequel vous élèverez un hangar pour garantir de la pluie et de la neige : sous ce dernier seront établis de petits parcs de 5 à 6 pieds en carré , et de 3 pieds de hauteur, sans attacher d'importance à leur mode de construction. Vous en aurez 10 pour chaque centaine de brebis ; et chacun d'eux , garni d'une bonne litière de paille, sera destiné à renfermer une mère et son agneau pendant quelques jours.

Les brebis portent 21 semaines, 2 ou 3 jours de plus ou de moins. Lorsque l'époque de la mise-bas approche , il faut les veiller soigneusement ; et, lorsque le gonflement de leurs pis indique que dans 2 ou 3 jours elle aura lieu (pour qu'on s'en aperçoive plus facilement, ainsi que pour la propreté et autres motifs hygiéniques , la queue devra être coupée), mettez ces brebis dans un enclos. C'est en tout temps une bonne méthode de séparer la brebis qui va mettre bas, et de la tenir séquestrée du troupeau pendant quelques jours après l'agnelage : cela est absolument nécessaire pendant les temps froids.

La brebis est un animal craintif, ayant très peu d'instinct. Il est très difficile de l'empêcher de suivre le troupeau. Si, au moment de la mise-bas, on la laissait avec lui, et qu'il vînt à s'éloigner, pour le rejoindre, elle ne balancerait pas à quitter son agneau , surtout si c'est à sa première portée , et le laisserait ainsi périr faute de soins et de nourriture. Il arrive souvent que, pendant le 1er et le 2e jour, une jeune mère qui se trouve avec son petit nouveau-né au milieu des autres animaux, qui l'en séparent à tout moment, finit par ne plus le reconnaître, le perd et ne veut plus le reprendre.

Il est surprenant de voir quel degré de froid peuvent supporter les agneaux dans les premiers jours qui suivent leur naissance, et combien ils se développent et profitent, s'ils peuvent passer sans accident les 48 premières heures ; mais, pendant ces momens critiques, surtout pendant les 12 premières heures, s'ils ne sont à l'abri de la pluie, et s'ils ne sont ni léchés ni réchauffés par leur mère, ils périront de froid et d'inanition. Les $^9/_{10}$ de leur mortalité n'ont pas d'autre cause.

Les brebis n'ont besoin de rester dans l'enclos dont nous avons parlé que 3 ou 4 jours avant l'agnelage , et autant dans le petit parc ; conséquemment elles ne seront séparées du troupeau que pendant 7 à 8 jours tout au plus, si toutefois on les a bien observées et séparées à temps. Ainsi, on n'aura pas une trop grande quantité de brebis

fuises à part , et celles qui le seront pourront plus aisément recevoir
du berger les soins nécessaires. Pendant une température douce, elles
doivent pouvoir entrer librement sous le hangar, et leur nourriture
est la même que celle du reste du troupeau.

Si une brebis ne veut pas reconnaître et soigner son agneau, on
la renferme avec lui dans un des petits parcs, et au bout de quelques
jours elle montre la même sollicitude qu'auparavant. Il faut donner une attention particulière au pis des brebis : si on s'aperçoit qu'il
est gonflé et dur, comme cela arrive souvent, un peu avant ou
après le part, par la trop grande abondance de lait, il faudra faire
traire avec soin celles qui seront dans ce cas, une ou 2 fois par jour,
et par une main qui ne sera pas trop rude. Il arrive fréquemment
qu'en négligeant une précaution aussi simple et aussi facile, l'agneau
périt de besoin à côté de l'abondance, sans pouvoir tirer une seule
goutte de lait. C'est ce que j'ai vu moi-même maintes fois. Il faut
aussi avoir le soin de tenir propre la queue des agneaux, pendant
quelques jours après leur naissance, parce que leurs premiers excré-
mens sont d'une nature gluante qui colle la laine autour du fondement, et le tient bouché. Je recommanderai de couper la queue de
tous les agneaux mâles et femelles, à 2 ou 3 pouces de la racine,
d'abord pour cause de propreté, ensuite aux femelles, pour les motifs qui ont été expliqués plus haut. On peut faire cette opération
8 jours après leur naissance, si le temps est doux, ou bien on l'a-
journe après les grands froids. On se sert, pour cela, d'une bêche
rougie au feu, ou d'un couperet également brûlant. On peut aussi
alors marquer les numéros aux oreilles (1). Quant à la castration,
elle n'est dangereuse dans aucun temps, à moins qu'elle n'ait pourtant lieu dans le trop grand froid ou dans la trop forte chaleur, et
au delà de 3 mois; mieux vaut la faire le plus tôt possible. Il faudra
sevrer les agneaux à l'âge de 4 ou 5 mois, alors ils peuvent se
nourrir eux-mêmes; les brebis devront se reposer pendant quelque temps pour réparer leurs forces, avant d'être présentées de nouveau au belier. Les agnelles ne doivent être saillies que dans leur
2ᵉ année.

Le meilleur traitement pour un troupeau consiste dans un bon pâturage depuis environ le 20 avril jusqu'au 10 décembre : un peu plus
tôt ou un peu plus tard, suivant la température. Entre ces deux époques, on doit le nourrir au râtelier et à la mangeoire. Les râteliers

(1) V: la 3ᵉ livraison des *Annales de Roville*, p. 182, pour la manière de
marquer les numéros aux oreilles.　　　(*N. du Trad.*)

seront bien garnis de bon foin naturel, et mieux encore de trèfle et de *timothy* (*phleum pratense*), pour que les moutons puissent y aller en tout temps. Tous les jours, mettez dans leur mangeoire 1 *gill* par tête (0,^{litre}236) de maïs concassé, ou l'équivalent en avoine, pois, ou nourriture semblable ; et pendant les très mauvais temps, doublez cette ration. La pomme de terre coupée ou écrasée par une meule à cidre est une excellente nourriture, surtout au printemps, pour les brebis nourrices. Je considère comme de bien peu de valeur, aux ÉTATS-UNIS, les turneps qui sont si prônés en ANGLETERRE : il y a trop de difficultés ici, pendant nos hivers si rigoureux, pour les conserver soit en terre, soit hors de terre ; et quant à les faire manger en parquant, quoique je ne l'aie pas essayé moi-même, je crois que les moutons en souffriraient plus qu'ils n'en auraient de profit. Avec du bon foin seul, donné en abondance, on peut très bien nourrir un troupeau pendant l'hiver. S'il est peu nombreux, et si votre pâturage ou vos prés sont bons et étendus, il pourra se maintenir dessus en assez bon état ; mais il n'y a pas de doute qu'une nourriture abondante, donnée dans la crèche pendant l'hiver, est une économie réelle ; de même que du fumier et du travail additionnel donnés à un champ naturellement peu fertile en sont une en agriculture. On est largement payé de ses soins et de sa dépense par l'accroissement des produits en agneaux et en laine, et l'on a, en outre, la satisfaction d'avoir ses troupeaux en bon état. Un des grands avantages de ce système est que, sur la même étendue de terrain, un cultivateur peut, sans qu'il lui en coûte beaucoup plus, élever 4 ou 5 fois plus de moutons qu'il ne le pouvait faire suivant l'ancienne méthode, et encore ses animaux étaient-ils sujets à beaucoup de maladies dont il peut désormais les préserver en grande partie.

En effet, 100 *acres* de bons pâturages (40 hectares) suffisent à 400 moutons depuis le milieu du printemps jusqu'aux gelées, et on nourrit ensuite pendant l'hiver au râtelier.

Pour affourager le troupeau pendant l'hiver d'une manière commode et sans aucune perte de nourriture, il faudra faire un grand parc sur une pièce de terre saine et sèche. On y élevera, comme je l'ai déjà dit, un hangar couvert en paille, fermé au nord, et ouvert des 3 autres côtés. Il devra être assez long et assez large pour contenir à couvert les râteliers et les mangeoires, et permettre aux moutons de s'y coucher à l'abri et sainement. Indépendamment d'une petite porte pour le berger, il y aura un passage de 7 à 8 pieds, qui ne sera fermé que par une barre placée à 3 pieds au dessus de terre, sous laquelle les moutons pourront toujours passer, mais qui arrêtera les chevaux et les vaches, et leur fermera l'entrée du hangar. Chaque fois qu'il pleut et qu'il neige, l'enclos doit être regarni d'un nouveau lit de paille. Le hangar sera nettoyé tous les 15 jours, et la litière renouvelée; le fumier qu'on retirera ainsi aura une grande importance.

Lorsque, par trop d'éloignement de la mer, l'influence des eaux salées et de la marée ne se fait plus sentir, il faut donner du sel dans des auges ou sur des pierres plates arrangées exprès: ce soin doit être répété 2 fois par semaine, hiver comme été.

La nourriture verte, donnée dès le commencement du printemps, est très avantageuse aux mères ainsi qu'aux agneaux. Pour en avoir, je crois que ce qu'il y aura de mieux à faire, c'est de semer en seigle, de très bonne heure, un champ destiné à être pâturé; car il pourra fournir occasionellement, pendant l'hiver, quelques bons repas, être pâturé au printemps jusqu'au 20 avril, et donner encore, si la saison est favorable, une récolte passable de grains.

Il serait avantageux d'avoir, près de l'enclos, un petit bois de cèdres ou de pins, que l'on ouvrirait pendant l'hiver aux moutons qui en brouteraient les branches. La matière résineuse de ces arbres leur est agréable et salutaire. Si on n'a pas ce bois à proximité, et si toutefois il n'est pas trop éloigné, il faudra en faire couper des branches et les donner aux moutons 2 fois par semaine.

L'eau est indispensable dans le pâturage; si les moutons n'en ont pas besoin en été, quand ils sont à l'herbe, il ne peuvent s'en passer pendant l'hiver, surtout avec une nourriture sèche.

L'opinion la plus répandue, mais que je n'adopte pas, est que les moutons se trouvent mieux de n'être ni renfermés ni à couvert. Le grand air convient sans doute à leur santé, mais pourtant il est des circonstances, par exemple celle de la mise-bas, qui ne permettent pas de les laisser dehors, et d'ailleurs, bien que la nature leur ait amplement donné de quoi se garantir contre la rigueur des saisons, il n'est pas moins nécessaire de les mettre à l'abri pendant les pluies froides. En les laissant des mois entiers dans la boue et sous la neige, avec leurs toisons imprégnées d'une humidité glaciale, leur tempérament, quelque bon qu'il soit, en est nécessairement affecté, et ils demeurent exposés à toutes les maladies.

Ce serait leur faire courir tôt ou tard les mêmes risques que de les tenir continuellement debout ou couchés sur du fumier; mais comme ils ne doivent rester sous le hangar que pendant l'hiver, il n'y a rien à craindre si ce hangar est proprement tenu et si on renouvelle souvent la litière dans l'enclos. Depuis la mi-avril jus-

qu'à la mi-décembre, ils ne doivent avoir besoin, pour les garantir
pendant la nuit de l'attaque des chiens, que d'un parc, qui devra
être construit de manière à pouvoir être changé fréquemment de
place, les claies ayant de 6 à 7 pieds de hauteur, et les lattes étant
debout et en dehors des traverses; mais si on craint de laisser son
troupeau pendant tout l'hiver au même endroit, il sera aisé et peu
coûteux de changer l'enclos et d'y placer de temps à autre un appentis convenable pour plus de sûreté.

Il est d'une grande importance que tous les animaux soient parfaitement privés; on les affourage et on les manie plus aisément
quand il est nécessaire de les inspecter; ce qui doit se faire assez
souvent : alors on n'est pas obligé ou de courir après le troupeau
ou de le renfermer lorsqu'on ne veut examiner qu'un seul mouton ;
ce qui, outre le temps que l'on perd, dérange toutes les bêtes
et quelquefois cause des accidens. Le soin d'apprivoiser les moutons
exige un berger tranquille et soigneux; il devra les habituer par
dégrés, et principalement pendant l'hiver, à manger en sa présence
et à prendre la nourriture de sa main : ce seront surtout les plus
sauvages qu'il devra chercher ainsi à amadouer. En employant la
patience et les bons traitemens, il aura en peu de temps tous les animaux à son commandement, et pendant toutes les saisons il pourra
faire venir à lui et prendre le mouton qu'il voudra examiner. Un
bon berger doit connaître tous les individus de son troupeau, ou,
s'il était très nombreux, au moins 40 à 50 des plus remarquables.

Il y a dépérissement pour un troupeau, principalement lorsque
les brebis n'en sont pas retirées à temps. On remarque effectivement,
si tous les animaux sont assujettis au même régime, que les jeunes,
de 1 à 7 ans au plus, sont en bon état, tandis que ceux plus âgés
montreront plus de maigreur et que les plus vieux seront dans un
état misérable et paraîtront malades. Le mouton ne vit pas long-
temps; il a une croissance rapide, mais aussi il décline de bonne
heure, quoiqu'on ait vu des brebis, âgées de 12 à 13 ans, faire encore des agneaux; mais ce sont des cas rares et exceptionnels. On
doit profiter du moment de la tonte pour faire une inspection générale
et pour classer chaque animal. Que l'œil du maître examine attentivement, car c'est alors qu'il doit choisir et marquer les bêtes qu'il
veut conserver pour la propagation, celles qu'il destine à l'engrais
et celles qu'il doit vendre à l'automne ou pendant l'hiver. Ce ne
seront pas seulement les jeunes bêtes qui devront attirer ses regards;
mais il devra encore examiner avec le plus grand soin la peau et les
dents de ses brebis portières, et marquer pour la boucherie toutes

celles dont les dents seraient usées ou qui n'auraient pas une bonne peau. Un agneau, en naissant, a la mâchoire inférieure garnie de 8 dents un peu pointues, que l'on nomme dents de lait (tout le monde sait qu'il ne vient jamais de dents à la mâchoire supérieure du mouton). A l'âge d'un an, les deux dents du devant tombent et sont remplacées par deux autres plus large. La 2e année, il tombe deux dents de lait (une de chaque côté des dents de devant), qui sont remplacées par deux nouvelles, larges comme celles du devant ; la 3e année, il en tombe encore deux autres, une de chaque côté, qui sont également remplacées par deux larges, et enfin, la 4e année, les deux dernières tombent et sont encore remplacées par deux semblables : ainsi, au commencement de la 5e année, la bouche est pleine ou faite, ayant à la mâchoire inférieure les 8 dents larges.

Pendant la 6e année, les dents commencent à ne plus marquer, c'est à dire qu'elles s'usent sur le devant ; la 7e année, elles sont toutes devenues plus courtes, et il y en a quelquefois qui sont usées jusqu'aux gencives ; alors l'animal commence à ne plus pouvoir brouter l'herbe des pâturages aussi aisément et aussi vite qu'il le faisait auparavant ; il est également en retard pour prendre sa nourriture au râtelier et à la mangeoire : c'est à ce moment qu'on voit son embonpoint diminuer, son tempérament s'affaiblir, ses compétiteurs plus jeunes et plus vigoureux que lui le devancer et manger les meilleures herbes à son nez. On a donc tort si l'on conserve un animal qui a autant de désavantage, et d'autant plus de tort, que ce genre de bétail ne demande pas plus de temps qu'une poule pour se renouveler par la propagation. Avec les soins requis, le troupeau s'accroîtra si vite qu'on sera embarrassé de savoir si on tuera les femelles agnelles ou brebis, et dans quelle proportion on conservera les moutons. Il est de règle de ne lever jamais plus de 6 toisons d'un animal, à moins qu'il n'ait des qualités particulières qui déterminent à le conserver plus long-temps.

J'ai éprouvé que le meilleur moment pour la tonte est vers le milieu de mai. Il y a du danger pour les animaux à les dépouiller de leurs toisons de trop bonne heure. S'il survient une pluie glacée aussitôt après la tonte, elle fera périr beaucoup de bêtes, tant elles sont alors sensibles au mauvais temps ; et si quelques jours après il survient des temps pluvieux et froids, le seul remède est de tenir le troupeau à l'abri, jusqu'à ce qu'une température plus douce permette qu'on leur fasse respirer le grand air (1).

_____

(1) J'ai trouvé dans le même ouvrage (V. la note 2e de la page 75) le préservatif suivant contre le mauvais temps après la tonte :
« Lors de la tonte, il faut préparer un mélange de parties égales de gou -

Il est facile de renouveler son troupeau en peu de temps par la vente des vieux animaux ; et en donnant aux jeunes une abondante

---

dron et d'huile de poisson, que l'on remuera sur un feu doux, et aussitôt la toison enlevée, on l'appliquera tiède, sur la peau de l'animal, depuis la tête jusqu'à la queue avec une large brosse. On peut alors remettre de suite les moutons dans leur pâture, et ils n'ont plus besoin que des soins ordinaires, qu'en bonne économie agricole on doit leur donner en tout temps. Cette méthode, mise en pratique, et continuée pendant 5 années successives avec la précaution recommandée plus haut, a parfaitement réussi. Le *pourquoi*, je laisse à de plus savans à le dire, et je me borne à citer le *fait*. Le jus d'ail a été trouvé le remède le plus souverain dans presque toutes les maladies des moutons, excepté cependant pour celles provenant du *manque* de nourriture et de *vieillesse.* »

Le goudron et l'huile de poisson doivent former une espèce de cirage qui paraît devoir garantir la peau de l'humidité. J'ai dit plus haut que l'huile de poisson écarte les mouches, et paraît répugner à tous les insectes.

« Le révérend docteur *Péters*, de LONDRES, qui a habité précédemment les ETATS-UNIS, vient de faire insérer dans une gazette américaine le remède suivant pour garantir les moutons des poux de bois. Il faudra appliquer cet onguent en octobre.

» Prenez 4 livres de goudron, mettez-le dans un pot de fer sur un feu doux jusqu'à ce qu'il soit bien liquide. Vous aurez fait fondre dans un autre pot 8 livres de beurre salé, que vous verserez doucement dans le goudron, remuant bien le mélange avec une spatule, et laissant le sel du beurre dans le fond du pot ; alors augmentez le feu, et faites bouillir le mélange, le remuant de temps en temps ; laissez refroidir ; le jour suivant, l'onguent aura la consistance voulue, et on pourra l'employer.

» Les moutons ayant été tondus au printemps, la laine sera courte pendant l'été, et les poux de bois seront peu nombreux ; ce ne sera qu'au mois d'octobre que, la laine étant devenue plus longue, ils commenceront à incommoder les moutons. Voici, pour les détruire, la manière d'appliquer l'onguent.

» Le berger séparera la laine le long de l'épine, depuis la tête jusqu'au bout de la queue ; alors, avec deux doigts, il en frottera abondamment la peau qui, par sa chaleur, fera fondre l'onguent, et le fera couler des deux côtés de l'épine sur une largeur d'environ 2 ou 3 pouces.

» Le berger séparera de nouveau la laine, à 2 ou 3 pouces de l'épine, où l'onguent avait cessé de s'étendre ; il en mettra de nouveau, qui, en se fondant, descendra de même encore de 2 ou 3 pouces. Le berger continuera à séparer la laine des 2 côtés, et à mettre de l'onguent jusqu'à ce que la peau en soit lubrifiée. Un berger pourra oindre ainsi une vingtaine de moutons par jour. Cet onguent détruira toute espèce de poux, guérir la gale, adoucira la peau, et augmentera la croissance et la qualité de la laine. Les moutons, ainsi débarrassés de la vermine, seront plus tranquilles, et profiteront davantage. Le coût de l'onguent et la peine de le frotter ne peuvent entrer en comparaison avec le bénéfice qu'on en retirera. Cet onguent serait excellent pour les mérinos dont on conserve les toisons pendant 2 ans ; mais je préfère l'huile de poisson au beurre salé. »   (*Note additionnelle du traducteur.*)

et bonne nourriture , on parvient à améliorer sa laine et à en augmenter le poids. Pour cela, il 'est pas nécessaire de changer sa race ; il suffit de choisir les meilleurs moutons. A la tonte , les toisons sont dans toute leur crue ; leurs qualités et leurs défauts sont patens ; c'est donc dans ce moment que l'on doit faire un choix définitif de ce que l'on veut conserver, car quelque apparence qu'ait un agneau , quant à la forme et à la taille, la qualité de sa laine ne peut se juger qu'à la 1re tonte. On doit rechercher celle qui est ondulée , bien serrée ou tassée , et qui n'a pas de *jarre* (on appelle ainsi des poils lisses et roides qui sont mêlés à la laine , sur tout le corps , principalement au dos et aux cuisses). Un seul bélier qui aura beaucoup de jarre détériorera tout un troupeau pour plusieurs années. Chaque brebis qui aura aussi ce défaut reculera encore davantage l'époque de l'amélioration.

C'est une erreur malheureusement trop commune de juger un animal par la grosseur apparente que lui donne une toison longue et grossière. Cette grosseur est trompeuse , et ne peut en imposer qu'à l'observateur superficiel. Que l'on tonde un pareil animal , et que l'on examine sa carcasse et sa toison ; la carcasse aura perdu toute sa prétendue beauté, et l'on ne trouvera qu'une laine rude , trop longue pour être cardée facilement, qui ne pourra faire qu'un drap grossier, en un mot, qui ne sera bonne qu'en matelas.

Cependant , toute personne qui n'est pas habituée à examiner la laine peut accoutumer son œil à en saisir les défauts et les avantages, de manière à pouvoir juger la qualité , soit de la toison entière, soit d'un simple échantillon. Le moyen le plus prompt d'acquérir cette faculté est de prendre fréquemment des mèches de laine , soit à ses animaux, soit à ceux de ses voisins , et de les comparer, ayant soin de prendre ces mèches aux mêmes parties du corps , parce que, dans le plus grand nombre des moutons, il y a une différence sensible dans la qualité de la laine des divers endroits du corps. Vers le milieu du côté , et près de l'épaule , est la place où la laine a le plus de qualité et d'uniformité (1).

_____

(1) L'auteur n'approuve pas le lavage de la laine à dos. Le reste du mémoire n'offre rien de particulier et d'intéressant.   (*N. du traducteur.*)

M. *John Philips*, en Pensylvanie, a prouvé, par une expérience de 17 ans, qu'il est avantageux de tondre dans le mois d'août les agneaux nés de bonne heure au printemps. A la tonte suivante, ils n'ont pas, à la vérité, la laine tout à fait aussi longue que ceux qui n'ont pas été tondus, mais elle est plus épaisse et plus fournie, et elle conserve cette qualité par la suite. Outre cet avantage, les agneaux ne souffrent pas autant des poux de bois.

Manière d'engraisser les agneaux, par un Américain.

Pour engraisser les agneaux que l'on veut vendre, il faut préalablement bien nourrir les mères, soit en les mettant dans un champ de seigle, soit en leur donnant des racines qui procurent beaucoup de lait. Au fur et à mesure que les agneaux naissans sont ressuyés et peuvent marcher, il faut les enlever à leur mère et les mettre dans une étable obscure, proportionnée à la quantité d'agneaux que l'on veut engraisser. On placera dans l'étable, à la hauteur des agneaux, une mangeoire très étroite, dans laquelle on mettra tous les jours de la farine grossière de maïs mêlée avec le son, et l'on attachera à leur portée plusieurs petites bottes de foin fin qu'ils pourront brouter. Cette petite étable devra communiquer avec une autre étable plus grande, dans laquelle les mères entreront 2 ou 3 fois par jour, pour donner à téter à leurs petits, et elles y coucheront avec eux. Chaque fois, avant de lâcher les mères pour les conduire en pâture, il faudra enlever les agneaux et les placer dans leur étable sombre (une de 8 pieds en carré est suffisante pour 30 agneaux et plus), dans laquelle ils ne pourront pas jouer et sauter et perdre leur graisse par l'exercice. Là, ne pouvant pas faire autre chose, ils mangeront de ce foin fin et tendre, ainsi que la farine sèche de maïs, ce qui les altérera considérablement, et les fera téter avec avidité au retour de leur mère, et ils engraisseront en peu de temps. Les agneaux ainsi confondus téteront indistinctement toutes les brebis, sans être attachés plus particulièrement à leur propre mère. De là résulte un grand avantage, parce que, lorsqu'ils deviennent forts, ils sont à même de consommer plus de lait qu'une seule brebis ne pourrait leur en fournir, et ce, principalement, lorsqu'une brebis a 2 agneaux. En tuant ou vendant une partie des agneaux déjà forts, ceux qui resteront téteront indistinctement toutes les brebis, comme auparavant, et profiteront de ce surcroît de nourriture, dont ils commenceront à avoir besoin ; c'est ce qui n'arrive pas quand, d'après la manière ordinaire, on laisse continuellement chaque agneau avec sa mère, qui alors ne se laisse téter que par lui.   L. VALCOURT.

DU PLATRE COMME AMENDEMENT.

Dans le commencement de mai 1820, j'ai reçu du Ministère de l'Intérieur la circulaire suivante sur l'usage du plâtre comme amendement. Je venais de l'employer assez en grand sur mes prairies artificielles, après avoir lu avec intérêt, dans l'*Encyclopédie domestique de Philadelphie*, un mémoire du juge *Peters*, en réponses à une série de questions sur l'usage du plâtre pour amendement. Comme ce mémoire remplissait mieux que je ne l'aurais pu faire le but de la circulaire du ministre, je me mis sur-le-champ à le traduire, en m'écartant le moins possible du texte, et le 26 mai 1820, j'envoyai ma traduction au Ministère de l'Intérieur.

Paris, le 30 avril 1820.

Monsieur, des cultivateurs distingués m'ont adressé leurs observations sur les bons effets que l'on retire dans les ÉTATS-UNIS D'AMÉRIQUE de l'usage du plâtre, employé cru et en poudre, pour rendre la fertilité aux terres épuisées. L'emploi du plâtre a déjà lieu dans plusieurs parties du royaume. Il ne paraîtrait pas toutefois également répandu dans un grand nombre de nos départemens. Il ne me semble pas, du moins, que cette espèce d'amendement y soit, sous le rapport de la végétation, appréciée à sa juste valeur. Je désirerais, monsieur, que vous me fissiez connaître ce que vos propres essais auraient pu vous apprendre à cet égard. Je vous inviterais même, dans le cas où vous n'auriez pas fait usage du plâtre pour amender vos propriétés, à tenter aujourd'hui quelques expériences, et à me communiquer les résultats qu'il vous serait possible d'obtenir.

Vous n'ignorez pas que l'on peut employer pour fertiliser les terres plusieurs espèces de plâtres : le plâtre que l'on trouve principalement aux environs d'AIX et de PARIS est le plâtre dit primitif, qui se montre surtout dans les pays de montagnes, tels que les HAUTES-ALPES, l'ISÈRE, la DRÔME, et même la CÔTE-D'OR.

Vous pourriez même juger convenable de faire des essais comparatifs et raisonnés sur les résultats donnés par le plâtre primitif et le plâtre des environs de PARIS et d'AIX.

Il vous semblerait sans doute utile, après ces premiers essais, d'établir avec précision l'avantage de l'emploi du plâtre en poudre cru ou cuit et recuit.

Vous diriez ensuite l'espèce de terre à laquelle le plâtre convient le mieux :

Combien il faut de l'une ou l'autre espèce par hectare ;
L'effet qu'il produit
Sur les terres argileuses ;
Sur les terres fortes, les terres humides ;
Sur les terres amendées déjà par la chaux ;
Son action sur les prairies naturelles et artificielles ;
Ses effets avant et après la gelée ;
La saison où il convient de le répandre ;
Les plantes qui en profitent le plus.

Il serait encore essentiel de savoir comment le plâtre agit. Serait-ce comme stimulant, ou bien agirait-il en attirant l'humidité de l'atmosphère ?

Tels sont, monsieur, les principaux points sur lesquels j'ai cru devoir fixer votre attention. Je n'entends point ici vous indiquer d'une manière absolue la marche à adopter dans le cours de vos observations. Il est possible que quelques unes des questions posées sortent du cercle ordinaire de vos opérations et de vos habitudes. J'aurai même d'autant plus de confiance dans vos réponses que vous aurez suivi plus spécialement à cet égard les indications de votre propre expérience. Persuadé cependant que ces questions vous paraîtront dignes d'intérêt, je n'ai point hésité à vous les adresser ; et je ne doute pas que vous n'apportiez dans vos recherches tout le soin et l'exactitude dont vous êtes capable ; je crois d'ailleurs pouvoir vous prévenir que vos mémoires seront mis sous les yeux du Conseil d'agriculture, qui a regardé cet objet comme très digne d'être pris en considération.

J'ai l'honneur de vous offrir, monsieur, l'assurance de ma considération.

Le Ministre secrétaire d'État de l'Intérieur,

Signé SIMÉON.

(*Extrait d'un Mémoire du juge* PETERS, *de Philadelphie, traduit par* M. L. DE VALCOURT, *membre correspondant de la Société des progrès agricoles* (1).

1re *question*. Y a-t-il long-temps que vous employez le plâtre ?

_____

(1) Dans cette traduction l'on s'est écarté le moins possible le texte.

Réponse. Environ vingt-cinq ans. Je suis un des premiers qui en aie introduit l'usage en Pensylvanie.

2ᵉ *question.* Dans quelle condition était votre terre quand vous avez commencé à l'employer ?

Réponse. Epuisée par une longue et mauvaise culture, pleine d'herbes et d'autres plantes nuisibles, quelques unes annuelles, d'autres pérenniales.

3ᵉ *question.* Quelle quantité par acre (1) employez-vous généralement ?

Réponse. J'ai cru, dans le commencement, que 4 à 6 *bushels* (2) par acre (3 à 4 hectolitres et demi par hectare), semés en une seule fois, étaient la quantité convenable ; mais depuis quelque temps je n'emploie pas ordinairement plus de 3 *bushels* par acre (2 hectol. 28 par hectare), et même 2 *bushels* (1 hectol. 52 par hectare) m'ont produit autant d'effet que toute autre quantité plus grande, lorsque la saison et d'autres circonstances favorables se sont trouvées réunies. Il est difficile de fixer un chiffre précis, parce que l'effet du plâtre dépend de certaines conditions que l'on ne peut pas évaluer avec certitude. Il paraît que son action doit être bien moins attribuée à la quantité employée qu'à sa combinaison avec des causes étrangères qu'il est aussi difficile de découvrir que d'énoncer (3). Lorsque l'on est arrivé *à ce point de saturation*, je doute qu'une augmentation dans l'emploi en produise une dans l'effet. D'après le principe que le *gypse* est un *sel* et que les sels arrêtent la fermentation lorsqu'on les emploie en trop grande abondance, on peut présumer que la dose suffisante de plâtre est réglée en raison des substances putréfiées et fermentables qu'il trouve dans la terre sur laquelle on le répand. Si ces substances sont rares, trop de plâtre serait alors nuisible. Je me rappelle d'avoir mis, il y a quelques années, sur une langue de terre, au travers d'un champ, un grand amendement de cette nature, peut-être dans la proportion de 10 *bushels* par acre (7 hectol. 60 lit. par hectare). *Cette langue de terre n'a produit que peu de chose ou rien jusqu'à ce que j'y aie répandu du fumier pour y semer du blé.* Deux ou trois ans après, à mon grand étonnement, elle s'est rétablie, et elle est restée, pendant plusieurs années successives, supérieure au reste du champ. J'avais entendu dire que la même quantité de 10 *bushels* par acre avait été semée avec suc-

---

(1) 1 acre anglais et américain = 40 ares 44 centiares.

(2) 1 bushel = 0 h. 30 litres ½, 3 hectolitres 05 litres.

(3) L'opinion la plus favorable est qu'il agit comme stimulant sur les organes de certaines espèces de végétaux. (*Annales de Roville,* 4ᵉ livraison.)

cès ; mais je n'ai pas su la quantité de matière combinable avec le plâtre que renfermaient les terres sur lesquelles on avait opéré , et d'ailleurs je n'ai jamais trouvé qu'il fût avantageux d'employer une aussi grande quantité. Il y a plusieurs années que j'avais divisé une acre de terre en perches carrées pour essayer l'effet du sel ordinaire. Je commençai à raison de 2 *bushels* par acre (1 hectol. 52 par hectare), augmentant la quantité à chaque perche. Je numérotai les divisions et j'ai tenu un compte de la quantité du sel semé et du blé récolté dans chaque division. Je n'ai pas sous la main le *memorandum* de cette expérience ; mais je crois que le produit du blé a diminué après 8 *bushels* par acre (6 hectol. 8 par hectare) , et que rien n'est venu après 12 *bushels* (9 hectol. 12 par hectare). Je rappelle ce fait parce que je lui crois de l'analogie avec le sujet que nous traitons ici. J'ai régénéré ma terre en lui donnant du fumier modérément ; on reconnaissait, plusieurs années après , cet acre , où l'on avait répandu du sel , par la verdure extraordinaire de son herbage, composé presque entièrement de trèfle blanc.

4e question. Quels sont les sols les plus propres à ce genre d'engrais ?

Réponse. Les sols légers, secs et sablonneux ou de terre franche (*loamy*) (1). Je n'ai jamais réussi sur l'argile, et si , comme je l'ai entendu dire , l'on a eu quelques succès sur cette nature de terre , ce n'a pu être que rarement. Le président (le général Washington), dont les terres au mont *Vernon* et dans les environs sont généralement fortes ou ont beaucoup de rapport avec celles de cette espèce , m'a informé : « Qu'il a essayé le plâtre sur ses terres , qui sont te-
» naces et froides, depuis 1 jusqu'à 20 *bushels* par acre (76 litres
» à 16 hectolitres 20 par hectare); il en a répandu sur des pâtu-
» rages et sur des terres labourées ; sur ces dernières, tantôt on l'a
» renfermé avec la charrue, tantôt hersé avec la petite herse, quel-
» quefois avec la herse garnie d'épines, et souvent enfin on ne l'a
» pas hersé du tout. L'effet du plâtre, dans *chacun* et dans *tous* les
» cas, n'a pas été plus marqué que si on eût pris le même nombre
» de *bushels* de la terre du champ et qu'on l'eût répandu de nou-
» veau sur sa surface. Cependant il croit à ses effets, et *est parti-
» san du plâtre comme engrais.* » Sur les terrains mouillés il m'a toujours manqué. J'en ai semé sur des marais pleins de mousses. Dans

---

(1) En général, le plâtre a peu d'effet dans les sols riches : c'est surtout dans les sols pauvres qu'il obtient souvent des effets miraculeux , non seulement en produisant une bonne récolte de trèfle, mais en améliorant le sol , par le moyen de cette récolte , pour plusieurs années. (*Annales de Roville,* 4e livraison.)

les endroits élevés de ces marais, il a tué la mousse et a fait pousser une quantité extraordinaire de trèfle blanc; mais il n'a eu aucune espèce d'effet, lorsque l'eau dont ces endroits élevés étaient environnés restait sur la terre dans la plus petite quantité. On m'a dit que, dans quelques localités, le contraire avait eu lieu; mais jamais je n'ai été dans le cas d'observer moi-même ces exceptions.

5e *question.* Avez-vous répété l'application du plâtre, ayant labouré ou sans avoir labouré; à quels intervalles et avec quels effets?

Réponse. J'ai répété avec succès l'application du plâtre, après avoir labouré et sans avoir labouré; mais j'ai toujours mieux réussi lorsque j'avais cultivé et amendé légèrement mes terres avec du fumier, ou que j'avais enterré des plantes comme engrais. J'ai enfoui, avec la charrue, du sarrasin en pleine fleur, qui, dans l'espace de quinze jours à trois semaines, et souvent dans moins de temps, s'est trouvé putréfié et converti en un engrais excellent, ayant subi une violente fermentation : j'ai alors semé du blé d'hiver sur lequel j'ai ensuite semé du trèfle, et ayant répandu du plâtre sur le trèfle, j'ai obtenu des résultats égaux, si même ils n'étaient supérieurs à ceux que j'avais eus la première fois que j'avais employé le plâtre. *Enfouir le trèfle avec la charrue* donne une nourriture au plâtre, qui lui manque souvent dans les terres en bon état de culture, où les substances putréfiées sont rares, ou ont été dissipées par de fréquens labours et par une exposition réitérée au soleil (1). Enfin j'ai trouvé qu'il fallait que le plâtre se rencontrât avec quelque chose qui pût développer son action, comme le croient quelques cultivateurs. La première fois qu'on le répand, il se nourrit des racines pourries des substances végétales qu'il trouve dans la terre.

6e *question.* Trouvez-vous qu'il rend les terres stériles après que les bons effets sont passés?

Réponse. Je ne m'aperçois pas d'un plus grand degré de stérilité après le plâtre qu'après le fumier. Tous les engrais sont stimulans, et laissent la terre insipide et fatiguée par l'action qu'ils ont excitée, le fumier d'écurie aussi mauvais, s'il n'est pas pire que tout autre engrais, parce qu'il laisse la terre pleine de mauvaises herbes, à moins qu'il ne soit suffisamment pourri, ou employé en compost.

7e *question.* A quels produits peut-il être employé avec le plus d'avantage ?

Réponse. Je n'en ai obtenu aucun bon résultat sur les grains

---

(1) Telle serait, par exemple, la terre des vignes non fumées et nouvellement défrichées dans le département de la Meurthe. (*Note du traducteur.*)

d'hiver. Le plâtre est utile pour toutes les plantes légumineuses, sarrasin, lin, chanvre, navette et autres plantes dont la graine produit de l'huile ; il l'est aussi pour la plus grande partie des plantes potagères, pour les arbres à fruit, pour le maïs et les navets. L'avoine et l'orge, que l'on sème mouillées d'abord, et ensuite roulées dans le plâtre, de sorte qu'il en reste attaché aux grains autant que possible, en tirent aussi beaucoup d'avantages ; mais je n'en ai jamais eu que de bien faibles sur l'orge et l'avoine après qu'ils étaient levés. Le trèfle rouge est la plante qui en profite généralement le plus, quoiqu'il soit cependant éminemment utile à toutes les autres plantes fourragères. Le trèfle blanc qui, dans certains sols, est une herbe naturelle à presque tous les pays, paraît naître par l'application du plâtre, ainsi que par celle de divers autres engrais, quoique l'on n'en vît aucune apparence auparavant (1).

8ᵉ *question*. Quel est le temps le plus propre pour le répandre?

Réponse. Je l'ai semé dans presque toutes les saisons. Si on le répand dans l'automne, et que l'hiver ensuite soit sec et froid, la plus grande partie du plâtre est enlevée. J'ai trouvé qu'il me réussissait bien semé depuis le commencement de février jusqu'au milieu d'avril, et par un temps bruineux. J'en ai souvent mis dessus la neige, en février, et il a réussi. Il y a des personnes qui ne le sèment que lorsque la végétation commence. Il me paraît que, semé dans toutes les saisons, il aura de l'effet, quoique cependant dans un degré plus ou moins grand, suivant l'état de l'atmosphère ou d'autres causes accidentelles (2).

9ᵉ *question*. Quelle est la plus grande quantité de fourrage par acre que vous ayez obtenue par le plâtre?

Réponse. Autant que de toute autre espèce d'engrais. Je n'ai jamais tenu un compte exact de la quantité récoltée : mais je crois avoir obtenu cinq tonneaux (3) par acre, en deux coupes, et j'ai quelquefois fauché une troisième coupe, quoique rarement, parce que je préfère faire pâturer cette troisième coupe. Le foin du plâtre est meilleur dans mon opinion que celui produit par le fumier. Les

---

(1) Le plâtre ainsi employé n'a pas ou a peu d'action comme plâtre, mais celui des environs de Paris et autres des terrains tertiaires agit en raison du calcaire qu'il contient quelquefois au tiers.
(*Note du traducteur.*)

(2) Il faut différer de plâtrer tant qu'on a des gelées à craindre, et le plâtre doit être répandu lorsque les plantes commencent à couvrir le sol.
(*Annales de Roville*, 4ᵉ livraison.)

(3) 1 tonneau = 1005 kil. 72.

animaux en gâtent moins. J'ai amendé avec du fumier une partie d'un champ et plâtré le reste. Les bêtes à cornes et les chevaux refusent toujours l'herbe de la partie fumée aussi long-temps qu'il leur est possible de trouver la moindre chose dans celle plâtrée. Je n'ai jamais désiré une récolte d'herbe trop abondante, elle est moins nourrissante que celle d'une crue plus modérée. Les animaux ne l'emploient pas avec avantage, quoique je la sale souvent. Je suis satisfait d'un tonneau et demi par coupe par acre. Cette herbe se comporte bien à la faux ; elle n'est pas morte, pourrie ou moisie à sa racine, comme la plupart de celles qui ont une végétation trop forte.

10ᵉ *question.* Avez-vous employé le plâtre sur des terres préparées avec d'autres engrais, et quel engrais ? alors son effet a-t-il été supérieur à celui du plâtre employé seul ?

Réponse. Ma réponse aux 5ᵉ et 6ᵉ questions renferme en grande partie ce que j'ai à dire sur celle-ci. En Angleterre, on prétend que l'effet du plâtre est nul quand auparavant on a employé *la chaux,* que son effet le plus marqué est sur les terres nouvellement défrichées, qu'il ne réussit pas sur les terres en culture depuis long-temps, et nous trouvons à Philadelphie que ses effets sont directement le contraire : il est vrai que nous n'employons pas la chaux en aussi grande quantité qu'en Angleterre ; nos terres n'en supporteraient pas autant que celles de ce pays, et du reste nous en avons qui sont aussi bonnes et aussi mauvaises que dans aucune autre partie du monde. Plus la terre est maigre, moins il lui faut de chaux ; mais, dans nos meilleurs endroits, nous n'employons pas en deux fois ce que les Anglais mettent en une seule. Notre chaux est-elle plus forte, ou le climat lui est-il moins favorable ? c'est ce que je ne puis résoudre. La différence de climat peut influer sur le plâtre comme sur les produits. La végétation est ici plus rapide, et par conséquent nos moissons sont plus hâtives, les pailles des blés sont, je crois, généralement plus courtes en Angleterre que celles de nos terres récemment défrichées ou fumées, et les épis y sont plus grands et plus pleins *lorsque le blé est bon* (car les Anglais ne sont pas sans une certaine proportion de mauvais blé avec des grains petits et légers), de sorte qu'un acre, chez nous, ne rapporte pas ordinairement autant que chez eux. Notre blé (1) n'est pas aussi dur, son enveloppe est moins épaisse ; il rend moins de son, mais plus de farine, et il se

_____

(1) On distingue généralement deux espèces de blés aux États-Unis, l'une barbue et l'autre qui ne l'est pas ; le grain de cette dernière est plus petit, plus rond et plus blanc que celui des blés de France. (*Note du traducteur.*)

moud mieux, sans que nous soyons obligés de le sécher au four, comme le font les Anglais pour leurs exportations, à cause de l'humidité de leur climat (1). En Irlande, les blés sont séchés de la même manière, tandis qu'ici nous n'avons ni four ni étuves dans nos moulins, dont nous n'aurions besoin tout au plus que pour le maïs. Au contraire, nos meuniers humectent quelquefois leurs blés pour empêcher que le son, moulu trop fin, ne passe au travers du blutoir et ne tache la farine

Je ne crois pas que le plâtre ait autant d'effet dans un climat humide que sous une température modérément sèche. Une saison très pluvieuse n'est pas ici la plus favorable à son emploi ; les avantages qu'il présente sur les autres engrais se font principalement apercevoir dans les années de sécheresse. Toutefois les épreuves faites en Angleterre n'ont peut-être été ni assez longues ni assez bien conduites. Je vois, en effet, dans quelques ouvrages de ce pays, que la connaissance du plâtre n'y est pas très répandue, et qu'il en a été seulement fait usage par quelques amateurs d'agriculture, dont quelques uns donnent des détails satisfaisans sur les succès qu'ils ont obtenus.

Plusieurs de mes champs ont reçu autant de chaux qu'ils pouvaient en supporter. Quelques unes de mes terres sont nouvellement défrichées, et il en est une petite partie dans un état complet d'épuisement. Je mets du plâtre sur toutes, et je n'aperçois aucune différence défavorable dans celles qui ont reçu de la chaux. Il y a quelques années que j'ai semé du trèfle avec du blé, dans l'automne, sur une terre qui avait reçu beaucoup de chaux ; je répandis, dans une partie du champ, du plâtre sur le blé et le trèfle, le tout ayant reçu un léger amendement de fumier. A la saison suivante, le plâtre fit pousser le trèfle avec une telle force, qu'il étouffa le blé en grande partie. Je perdis celui-ci, parce que, ne pouvant pas employer la faucille, je fus obligé de faire faucher. Le blé, dans l'autre partie, était excellent, et le trèfle d'une crue médiocre. La perte de mon blé est venue de ce que le trèfle, semé quand le blé commençait à pousser, a pris trop tôt le dessus ; mais la comparaison de la partie plâtrée avec celle qui ne l'avait pas été montre suffisamment les effets du plâtre. Je n'ai pas répété cette manière de semer le trèfle que les gelées tardives détruisent quelquefois, lorsqu'il a été mis sur les blés pendant l'hiver.

Quelques cultivateurs n'aiment pas répandre le plâtre sur les trèfles

---

(1) L'hiver est plus froid et l'été plus chaud à Philadelphie qu'à Londres. (*Note du traducteur.*)

semés sur les blés d'hiver, avant que le grain ne soit coupé ; ils attendent l'année suivante pour plâtrer. Peut-être cette méthode est-elle la meilleure ; cependant je n'ai jamais éprouvé de perte pour avoir répandu mon plâtre sur le trèfle et sur le blé, lorsque mon trèfle avait été semé sur le blé en février. Au contraire, pendant les printemps secs, cela a sauvé mes jeunes trèfles et les a fait pousser de manière que, dans l'automne qui a suivi la moisson des blés, j'ai pu faire une assez bonne récolte d'herbages. Fauchée avec les chaumes, elle a été donnée, pendant l'hiver, aux animaux que je ne voulais pas engraisser, et ce qu'ils refusaient augmentait mon tas de fumier. Il m'arrive néanmoins plus ordinairement de semer le plâtre pendant le printemps qui suit la moisson du blé.

11ᵉ *question.* Quelle est sa durée ?

Réponse. Lorsque le trèfle pousse modérément, son efficacité est d'une plus longue durée ; si son effet est violent, il ne tient pas long-temps : je l'ai vu s'épuiser dans une année ; mais aussi 3 ou *4 bushels* par acre, mis à la fois (2 hectol. 28 à 3 hectol. o4 par hectare), m'ont donné un bénéfice qui a duré cinq à six ans, en décroissant graduellement. Je prolonge l'efficacité du fumier en plâtrant la seconde ou troisième année, lorsque le trèfle de la partie plâtrée ou de celle qui ne l'a pas été commence à décliner. Peut-être qu'en répandant annuellement ou tous les deux ans une petite quantité de plâtre, l'on ferait pousser le trèfle modérément pendant plusieurs années, sans crainte d'effets trop violens. J'ai entendu parler de personnes qui, ayant la coutume de ne l'employer que dans de faibles proportions, ont obtenu de bonnes récoltes d'herbes pendant douze années et plus (1).

Les mauvaises plantes des champs, qui ont été mal cultivées, ne permettent pas de laisser ceux-ci en pâturage aussi long-temps qu'il serait désirable. Lorsque ces plantes annuelles sont coupées avant qu'elles portent semence, elles sont bientôt détruites, et les pérenniales peuvent aussi l'être en partie si on les coupe dans les momens propices. Dans tous les cas, on peut les empêcher de porter semence, en détruisant les tiges avec la charrue ; mais l'abominable coutume de laisser venir les ronces et les mauvaises herbes de toute espèce dans les coins des champs et autour des barrières est une véritable

---

(1) **M. de Dombasle** fait répandre un hectolitre de plâtre par hectare en même temps qu'on sème la prairie artificielle, c'est à dire la moitié seulement de ce qu'on met ordinairement sur un trèfle à sa seconde année, et au printemps suivant il en répand encore une même quantité, si la récolte lui paraît en avoir besoin. (*Annales de Roville*, 2ᵉ livraison.)

peste pour les terres qui sont encore dans le meilleur état de culture.
Les barrières se pourrissent ; leur remplacement, qui exige beaucoup de soins et d'argent, n'est pas le moindre inconvénient de cette
négligence, et les cultivateurs les plus soigneux voient souvent leurs
propres terres infestées par suite de l'imprévoyante insouciance de
leurs voisins. Dans quelques parties de l'Europe, il y a, m'a-t-on dit,
des lois qui autorisent ceux qui détruisent les mauvaises herbes sur
leurs propres terres à les couper en même temps sur les terres con-
tiguës, et à se faire rembourser de leurs frais sur un ordre du
magistrat. Une pareille loi déplairait peut-être ici ; mais cela prouve
du moins que la destruction des herbes parasites est regardée comme
un point d'une très haute importance dans les pays où l'on suit une
bonne agriculture. La vérité est que tout cultivateur doit leur faire
continuellement la guerre ; l'augmentation certaine de ses récoltes
sera la récompense constante de tous ses efforts pour détruire les
plantes inutiles et nuisibles.

12e *question.* Y a-t-il quelque différence entre le plâtre américain et celui d'Europe ?

Réponse. J'ai généralement trouvé que le plâtre d'Europe (1) était
le meilleur ; mais j'ai aussi employé celui de la Nouvelle-Écosse (2).
Peut-être que plus on s'enfoncera dans les carrières de ce pays, et
plus le plâtre se trouvera d'une qualité meilleure. Il y a une variété
dans les plâtres américains qui rend les uns préférables aux autres.

Les préjugés pour et contre cet engrais sont également exagérés,
et ils ne peuvent guère être combattus avec succès que par les résultats d'une application continue et bien dirigée. En Allemagne,
où ce fossile est connu et employé depuis le plus de temps, les opinions
sont bien divisées, et il y en a beaucoup d'absurdes et de ridicules.
Non seulement on a accusé de sortilége et de magie ceux qui em-
ployaient le plâtre, mais des gens *d'une profonde sagacité* ont prétendu qu'il attirait le tonnerre et la foudre. Quelques uns des petits
princes d'Allemagne ont fait des édits contre son usage, à l'instiga-
tion de ses superstitieux adversaires, et peut-être aussi à cause de ce
proverbe du pays : *il fait des pères riches et des enfans pauvres* (3) ;
mais les paysans, malgré ces prohibitions, ont continué à semer du

_____

(1) Une grande partie du plâtre employé à Philadelphie vient du Havre.
(*Annales de Roville,* 2e livraison.)

(2) Le plâtre de la Nouvelle-Ecosse est primitif comme celui du département de la Meurthe, et ne contient pas de chaux. (*Note du traducteur.*)

(3) M. Bosc croyait que ce proverbe avait quelque fondement. (*Ib.*)

plâtre sur leurs champs pendant la nuit. J'ai vu un Traité , en alle-
mand, sur le plâtre appliqué à l'agriculture , qui contenait beaucoup
d'excellentes observations et d'utiles leçons mêlées à quelques anec-
dotes agréables et tout à fait propres à faire oublier ce que la disserta-
tion sur un pareil sujet pouvait avoir d'abord d'insipide et de peu
amusant pour ceux qui ne sont ni agronomes ni cultivateurs.

Malgré tout ce que notre expérience a découvert jusqu'à ce jour ,
nous avons encore beaucoup à apprendre sur la qualité et les effets
du plâtre comme engrais. C'est une substance capricieuse et fantas-
que ; je l'ai vue ne produire aucun résultat pendant quatre ans, et
donner ensuite la végétation la plus extraordinaire , après des labours répétés , pour récoltes d'hiver et d'été. J'aperçois maintenant
un trèfle de la plus grande beauté dans un champ où l'on avait plâtré du maïs, il y a quatre ou cinq ans, sans aucun succès. C'est un
des nombreux exemples que j'ai vus sur mes propres terres , et beaucoup de cultivateurs m'ont dit avoir fait les mêmes remarques.

Ne pourrait-on pas en rendre raison , en supposant que les principes
opérateurs du plâtre étaient en trop grande quantité pour les substances fermentables qui existaient alors dans la terre , et qu'il ne
trouva assez de ces substances , pour développer toute son énergie ,
que dans l'instant qu'il produisait la végétation dont je viens de
parler ?

Mais, quelle qu'en soit la cause , *la rosée* restera sur la partie d'un
champ plâtrée une heure ou deux après que toute humidité sera
entièrement évaporée sur la partie du champ voisin qui n'aura pas
reçu de plâtre. J'ai fréquemment observé les mêmes effets dans les
planches de mon jardin , qui, lorsqu'elles ont été plâtrées , conservent l'humidité pendant les saisons les plus sèches , tandis qu'il
n'y en a pas la moindre apparence dans celles qui ne l'ont pas été.
Si l'eau est , selon lord Bacon , *presque tout dans tout ,* dans la nourriture des plantes , le plâtre l'attire ou la retient abondamment.

Je n'aime pas que mon plâtre soit moulu trop fin ; il est alors
emporté quand on le sème , et il n'est pas aussi durable que celui qui
est modérément pulvérisé. Je crois qu'il est assez fin lorsque , moulu,
le tonneau rend 20 *bushels* (1,005 kil. $=$ 6 hectol. 09). Il est très ordinaire maintenant d'en faire 24 à 25 *bushels* par tonneau (de 7 hectol.
31 à 7 hectol. 62). J'ai tâché d'empêcher les parties les plus fines
d'être ainsi emportées, en l'humectant ; mais j'ai trouvé qu'en cet état
on ne pouvait pas le distribuer aussi également , étant sujet alors à
s'agglomérer en mottes.

Mais on doit toujours se souvenir que la *calcination,* quelque
nécessaire qu'elle puisse être pour faire le plâtre de ciment , dimi-

nue, si elle ne détruit pas entièrement sa vertu, lorsqu'on l'emploie dans l'agriculture (1).

Nous avons un moyen simple d'essayer la qualité du plâtre : on en met de pulvérisé dans un pot dessus le feu, sans y ajouter d'eau, ou d'autres substances, et lorsqu'il est échauffé, il donne une odeur sulfureuse : si l'ébullition est considérable, provenant de n'importe quelle cause, soit de l'échappement de l'air, ou de l'évaporation de l'eau de cristallisation, le plâtre est bon. Si l'ébullition est faible, le plâtre est indifférent ; mais s'il présente une masse inerte, comme du sable, alors il ne vaut rien du tout.

Quelques cultivateurs ont assez l'habitude de semer, tous les ans, sur le même champ, du plâtre en petite quantité, c'est à dire environ 1 *bushel* par acre (76 litres par hectare), et quelques uns en sèment même moins, pendant plusieurs années successives : quelques autres ne le sèment que tous les deux ans (2). Ceux qui suivent ces différentes méthodes, dont j'ai profité occasionellement, les considèrent comme les plus profitables, particulièrement pour les pâturages. Mais j'ai pensé qu'il valait mieux avoir les produits les plus abondans dans le plus court délai : en conséquence, j'emploie le plâtre en plus grande quantité dans ma culture du trèfle, et il opère avec toute son énergie aussi long-temps que le trèfle dur. Quand le trèfle commence à décliner, je laboure, et je suis la rotation ordinaire de récolte, jusqu'à ce qu'il rentre à son rang. Cela tombe ordinairement la troisième année après avoir labouré le gazon, parce qu'il succède à mes grains d'hiver que je sème rarement sur mes terres épuisées, à moins d'y avoir auparavant répandu de la chaux, ou du fumier d'écurie, ou d'y avoir enterré du sarrasin avec la charrue. J'ai quelquefois enterré à la charrue la dernière coupe de trèfle de la seconde ou troisième année, et après un seul labour j'ai semé mon blé ou mon seigle que j'ai ensuite hersé ; puis, j'ai semé ma graine de trèfle, et plâtré de nouveau. J'ai assez bien réussi de cette manière, que je ne regarde cependant pas comme une agriculture bonne et soignée : cela ne doit pas avoir lieu si le terrain est fangeux ou rempli de mauvaises herbes, qui demandent de fréquens labours pour être détruites.

Je sème ordinairement le trèfle avec les grains de printemps, et je répands le plâtre sur le trèfle et sur le grain ; mais je doute si,

(1) Le plâtre cuit est plus aisé à broyer : j'en ai fait emploi en même temps que celui qui n'était pas calciné ; semés le même jour et à côté l'un de l'autre, ils n'ont présenté aucune différence dans leur résultat. (*Note du traducteur.*)

(2) V. la première note de la page 23.

comme amendement non enterré, il n'a aucun effet sur le grain, quoiqu'en Virginie, dans le comté de *London*, les cultivateurs retirent,
dit-on, des avantages marqués d'un *bushel* de plâtre par acre (76 litres par hectare) répandu sur leurs blés, dans le commencement du
printemps.

Je sème souvent le plâtre sur la graine de trèfle et sur le sarrasin,
et il opère avec énergie sur l'un et sur l'autre. Le trèfle semé sur le
lin réussit bien. Le plâtre a un grand effet sur ces deux plantes. On
ne fait pas de mal au trèfle en arrachant le lin. Si on mouille d'abord
la semence de sarrasin, et qu'on la roule ensuite dans le plâtre qui
lui forme une espèce d'enveloppe, on s'en aperçoit avec avantage à
la récolte. Je mêle quelquefois ma semence de trèfle avec le plâtre,
et je sème le tout ensemble.

Il y a différentes opinions quant à la manière et au temps de plâtrer
le maïs. Si la saison et d'autres circonstances ont été favorables,
chacun regarde naturellement comme la meilleure la méthode qu'il
suit ; mais on ne peut rien décider d'après deux ou trois saisons favorables. Les uns mettent le plâtre sur les monticules, en plantant le
maïs, ou quelque temps après ; les autres en le buttant, ou lorsqu'il est plus avancé. Il en est enfin qui regardent comme plus
avantageux de le mettre dessus la plante, et non ailleurs, quoique
cela soit difficile, car la terre en reçoit la plus grande partie, soit
quand on le place sur la plante, soit lorsque la pluie le fait tomber.
Je le répands généralement sur la plante et sur la terre, lorsque je
donne la première façon : je ne l'ai mis que rarement sur les monticules et quelquefois je l'ai répandu sur toute la terre. J'ai ordinairement réussi, mais j'ai aussi été souvent désappointé dans toutes
ces manières d'employer le plâtre. Celle que je suis habituellement
est de le répandre sur la plante et sur la terre tout autour, lorsque
les feuilles sont bien formées, ou au plus tard lorsque le maïs reçoit
sa première façon, ce que je fais ordinairement en passant la herse,
et découvrant les plantes, s'il est nécessaire, quoique j'emploie aussi
la houe quand il le faut. Mais le plâtre est toujours répandu après
cette opération, afin qu'il puisse demeurer dessus la surface de la
terre.

J'ai toujours regardé comme nécessaire de maintenir ainsi le plâtre
sur la terre autant que possible ; dans quelques circonstances extraordinaires, qui sont à mes yeux comme des exceptions à la règle générale, il a opéré étant renfermé dans la terre ; mais presque toujours
il réussit mieux comme amendement de superficie. Quelques personnes sèment le plâtre avec le blé, et enterrent le tout à la charrue.
Cette application, comme toute autre, aux grains d'hiver a eu bien

7

peu de succès pour moi, si même elle en a eu aucun, quoique j'eusse employé le plâtre de toutes les manières déjà connues ou que j'ai pu imaginer.

De bonnes récoltes de grains d'hiver ont souvent succédé au trèfle qui n'avait pas reçu d'autres engrais. Je n'attribue cette réussite à aucune action immédiate du plâtre sur le grain, mais au trèfle qui améliore toujours le sol, et qui, comme presque toutes les plantes pivotantes, au lieu d'épuiser la terre, en augmente la fertilité. J'ai vu obtenir de bonnes récoltes de blé à la suite de l'enfouissement à la charrue d'une abondante végétation de·jeunes chardons ordinaires et de chardons de bonnetier. Ces plantes, que l'on regardait comme funestes, étaient restées maîtresses de la terre pendant plusieurs années successives, elles avaient formé une espèce de couverture, et lorsqu'elles ont été enterrées, elles sont devenues un excellent engrais végétal.

Le morceau de terre sur lequel j'ai commencé à semer du plâtre, il y a vingt-cinq ans, n'a pas encore été labouré. Je lui ai donné deux fois un demi-amendement non enfoui avec du fumier d'écurie, et j'ai répété trois ou quatre fois l'application du plâtre, dans la proportion de 3, 4 et 6 *bushels* par acre (2 hectol. 28, 3, o4 et 4,56 par hectare); mais j'aurais préféré l'avoir labouré; car souvent, dans ma deuxième récolte, je suis tourmenté par l'herbe indienne (*indian grass*) et d'autres mauvaises herbes. Ce champ est dans une partie de mon bien où le foin et le pâturage me sont plus utiles que toute autre récolte. Après l'avoir amendé avec du fumier, j'ai laissé une partie sans la plâtrer, pour la comparer avec le reste, et j'ai toujours observé une infériorité bien marquée dans la partie qui n'avait pas été plâtrée. J'ai une fois renouvelé l'application du plâtre sur une partie seulement qui avait été fauchée pendant plusieurs années depuis le plâtrage. Le plâtre semblait ne produire aucun effet; mais, en y répandant un léger amendement de fumier l'année suivante, cette partie est devenue aussi bonne que le reste (1). Ce terrain est maintenant un excellent herbage ordinaire, mêlé de trèfle rouge et blanc et de quelques *poa compressa,* qui, en quelques endroits, sont très couchés dans les saisons pluvieuses. Malgré cet exemple, j'ai fréquemment plâtré dans d'autres parties de mon bien, et j'ai réussi sans employer le fumier; j'entends lorsque j'ai répété l'application du plâtre, car la première fois il produit ordinairement une récolte aussi abondante qu'il est possible d'en avoir par telle combinaison d'engrais que ce puisse être.

---

(1) Le plâtre accélère la décomposition du fumier, à raison de sa qualité septique. (*Note du traducteur.*)

D'après cela, ainsi que d'après beaucoup d'autres observations, je suis donc convaincu depuis long-temps que, pour que le plâtre puisse agir avec toute l'énergie dont il est susceptible, il faut qu'il soit en contact avec une quantité quelconque d'engrais du règne animal ou végétal, ou avec des substances putréfiées ; et cet auxiliaire, nécessaire à son développement, est sous la main de tous les cultivateurs. La première application du plâtre, sans aucune autre assistance que celle produite par les racines décomposées ou mourantes, et d'autres substances végétales, leur fournira abondamment du fourrage, et les mettra à même d'augmenter le nombre de leurs bestiaux ; dès lors plus d'engrais animal pour leurs récoltes d'hiver et d'été préparatoires à la répétition du plâtre avec le trèfle. Les engrais enfouis en vert ne coûtent que la semence qui les produit, et une longue expérience démontre que le plâtre peut être répandu plusieurs fois avec sûreté, avec plus de profit et moins de dépense que tout autre engrais, *sur les sols qui lui sont propres*, circonstance que l'on ne doit jamais perdre de vue. Je puis toujours, avec un assez grand degré de certitude, d'après l'apparence d'une très riche récolte de trèfle, prévoir le moment où il dégénérera. Lorsque le plâtre ne produit plus d'effet, le trèfle s'en va avec lui étant étouffé par le chiendent et autres mauvaises herbes de toute espèce, et je m'explique la cessation de son pouvoir par l'idée qu'il a décomposé prématurément les substances qui renfermaient le principe de la végétation, et qu'il a épuisé trop vite ce principe. Par la violence de cette décomposition, il produit une végétation vigoureuse, mais fatale, qui, semblable aux efforts d'un malade ayant, dans le paroxysme de la fièvre, l'apparence de la force, n'est dans la réalité qu'un indice de dissolution. Il n'y a d'autre remède à cela que de semer le plâtre en petite quantité, et d'en renouveler fréquemment l'application ; plus j'emploie ce moyen et plus j'en suis satisfait.

La Société centrale d'agriculture du département de la MEURTHE, établie à NANCY, et présidée par M. *Mathieu de Dombasle*, proposa, dans sa séance du 18 janvier 1821, un prix pour des expériences sur l'emploi du plâtre comme engrais. J'avais déjà employé le plâtre assez en grand, et il m'avait parfaitement réussi ; je me présentai donc comme concurrent pour le prix.

Je ne rapporterai pas ici le mémoire détaillé de mes expériences que je remis à la Société, parce que le rapport ci-après de M. *Mathieu de Dombasle* les fera suffisamment connaître.

Messieurs, au nom de votre commission d'examen des concurrens aux prix, je viens vous rendre compte des résultats du concours que vous avez ouvert pour 1822.

Il ne s'est présenté aucun concurrent pour le sujet du prix relatif aux plantes sarclées, non plus que pour celui qui avait pour objet la distillation des pommes de terre. Votre commission, en vous exprimant ses regrets à cet égard, espère que les vôtres seront amplement compensés par les travaux importans auxquels a donné lieu le prix proposé sur les effets du plâtre comme engrais. Depuis que ce sujet a attiré l'attention des agronomes en EUROPE et en AMÉRIQUE, jamais, peut-être, il n'avait été fait d'expériences aussi étendues, dirigées avec plus d'intelligence et de zèle que celles dont nous avons à vous rendre compte. Laissant de côté toute discussion théorique sur le mode d'action de ce précieux amendement, la Société avait signalé aux concurrens un des points de pratique les plus importans dans son usage, et sur lequel la dissidence d'opinions des cultivateurs, dans divers pays, est extrêmement remarquable : il était question de savoir si, pour obtenir tout l'effet que peut produire le plâtre sur la végétation des plantes de la famille des légumineuses, on devait l'employer cru ou cuit, ou mi-cuit, comme on l'emploie ordinairement dans notre département ; si enfin les vieux plâtras provenant des démolitions des bâtimens pouvaient être employés avec succès.

Trois concurrens se sont présentés. Le premier, M. *Colson, de Bratte,* a fait son expérience sur une pièce de terre de la contenance de 92 ares 14 centiares, beaucoup plus étendue, par conséquent, que celle qu'exigeait le programme de la Société, qui n'était que de 20 ares. Cette pièce, ensemencée en trèfle, a été divisée en quatre parties dont l'une n'a reçu aucun amendement ; la 2e a été amendée avec du plâtre cuit, la 3e avec du plâtre cru, la 4e avec du vieux plâtre de démolition. Les quantités de plâtre ont été pesées, ainsi que le produit sec de la seconde coupe, sur chacune de ces parties. M. *Lamy,* notre collègue, que vous aviez chargé de suivre ces expériences, vous en a transmis un rapport, d'où il résulte qu'elles ont été faites, dans tous leurs détails, avec beaucoup de soins et d'intelligence. Une seule circonstance manquait à la régularité des pièces fournies par M. *Colson* au concours : il a omis d'y joindre des échantillons de la terre du champ sur lequel il a opéré, comme l'exigeait le programme. Nous ne faisons mention de cette omission, peu importante en elle-même, et qu'il eût été facile de réparer, que pour engager les concurrens à tous les sujets de prix que pourra proposer à l'avenir la Société à lire avec beaucoup d'attention les programmes et à ne négliger aucune des conditions qui y sont insérées, parce qu'aucune n'y a été mise sans intention, et qu'un excellent travail pourrait se trouver exclus du concours, par l'omission d'une formalité qu'on pourrait regarder comme de peu d'importance, mais qui est toujours de rigueur en cas semblables.

M. *Fabert*, propriétaire de la grande tuilerie de SAINT-JEAN, se présente aussi au concours avec des expériences faites avec beaucoup de soin, sur une pièce de trèfle de la contenance de 65 ares 60 centiares. Outre les trois espèces de plâtre exigées par le programme de la Société, il a fait entrer aussi dans ses expériences le plâtre micuit, appelé dans nos environs *plâtre d'engrais*. M. *Génin,* que vous aviez chargé de suivre ces expériences, en a rendu compte dans un mémoire très soigné, d'où il résulte que tous les détails de l'expérience ont été suivis avec beaucoup d'attention, et que toutes les conditions prescrites par la Société ont été observées très régulièrement. M. *Génin* s'est livré, de plus, à des considérations très intéressantes sur les résultats pratiques de cette expérience.

Les échantillons de terre fournis par M. *Fabert* prouvent que le sol est une argile compacte, reposant sur un fonds d'argile rougeâtre, ferrugineuse.

Le troisième concurrent qui s'est présenté a fait ses expériences sur une bien plus grande échelle encore. C'est M. *de Valcourt,* résidant à VALCOURT, commune de BICQUELEY, arrondissement de TOUL. Ses expériences ont été suivies par M. le président et M. le secrétaire de la Société d'agriculture de TOUL, qui ont bien voulu en rendre compte à la Société centrale, dans un mémoire fort étendu et très intéressant. Il en résulte que les expériences de M. *de Valcourt* ont été faites, non seulement sur des trèfles, mais aussi sur des sainfoins et des luzernes, dans plusieurs pièces de terre de diverses natures formant un total de 5 hectares 20 ares, ou 26 jours environ de notre pays. L'expérience a été faite d'une manière complète dans chaque pièce, et on y a fait entrer, non seulement le plâtre cru, cuit et plâtras, comme le demandait la Société, mais aussi le plâtre mi-cuit, de même que l'avait fait M. *Fabert,* et encore des plâtras recuits, et même de l'urate préparé avec du plâtre cru. Les soins avec lesquels ces expériences ont été suivies ne laissent rien à désirer pour la régularité.

Après vous avoir rendu compte, messieurs, des travaux des divers concurrens, sous le rapport des droits qu'ils peuvent leur donner à obtenir le prix que vous avez proposé, nous ne devons pas nous dispenser de vous entretenir des résultats de pratique, qui peuvent être la conséquence des faits qui ont été observés dans le cours de ces expériences. Nous commencerons par dire quelques mots sur les connaissances théoriques acquises jusqu'à ce jour, relativement à l'emploi du plâtre comme engrais.

Le mode d'action par lequel le plâtre ou *sulfate de chaux* favorise la végétation de certaines plantes est encore un mystère pour la science. Cependant la connaissance de ce mode d'action pourrait être fort utile pour la pratique. Avec cette connaissance, on se rendrait facilement maître des circonstances encore inconnues, qui modifient les effets de cet amendement, de manière à le faire accuser souvent de caprice par les cultivateurs. Quelques personnes ont prétendu que cette substance agissait en attirant l'humidité de l'air, et en fournissant ainsi aux plantes l'eau dont elles ont besoin pour leur végétation ; mais cette opinion ne peut pas supporter le plus léger examen : en effet, s'il en était ainsi, l'action du plâtre s'étendrait à tous les végétaux, tandis que l'expérience démontre que son action est nulle sur le plus grand nombre, et qu'elle se borne à peu près aux plantes de la famille des légumineuses. Il est bien vrai, d'ailleurs, que le sulfate de chaux, qui a perdu son eau de cristallisation par l'effet de la calcination, attire puissamment l'humidité atmosphérique, jusqu'à ce qu'il en soit saturé, c'est à dire jusqu'à ce qu'il ait absorbé une quantité d'eau égale à celle qu'on lui avait enlevée. Mais on conçoit que cette action ne peut être que très momentanée, lorsqu'on le répand en très petite quantité, à la surface du sol, ou sur les feuilles des végétaux ; en très peu d'instans, il a retrouvé dans l'humidité de l'atmosphère la petite quantité d'eau qu'il peut absorber. Cela est encore bien plus vrai lorsqu'on répand le plâtre calciné sur les feuilles des végétaux et sur la terre, au moment où elles sont humectées par la pluie ou la rosée, comme l'expérience montre qu'on doit le faire pour que le plâtre développe toute son action fertilisante.

Dans ce cas, au moment même où le plâtre pulvérisé tombe sur le sol, ou sur les feuilles des plantes, il y trouve une quantité d'eau infiniment plus que suffisante pour compléter sa saturation, et en quelques secondes sa faculté d'attirer l'humidité est satisfaite. Revenu à ce point, le sulfate de chaux n'exerce plus aucune action sur l'humidité atmosphérique ; il ne peut plus exercer, du moins, qu'une faculté purement hygrométrique, que nous n'avons aucune raison de croire supérieure à celle que possède la terre elle-même. Il en est de même du plâtre employé cru, qui n'attire pas davantage l'humidité de l'atmosphère, et qu'on emploie cependant avec un succès dans beaucoup de cantons. Les plâtras se comportent, à cet égard, de même que le plâtre cru, parce que l'affinité du plâtre calciné pour l'eau est satisfaite par celle qu'on y ajoute dans le gâchage, en l'employant pour les bâtimens, et qui, en favorisant une nouvelle cristallisation, donne lieu au durcissement que le plâtre éprouve dans les constructions. On voit donc que le plâtre, soit cru, soit calciné, dans les circonstances où on l'emploie comme amendement, ne peut exercer aucune action pour attirer l'humidité de l'atmosphère, et que ce ne peut être à cette cause qu'il doit son action fertilisante.

On a dit aussi que les effets qu'il produit sont dus à son affinité pour l'oxygène ; mais il est certain que le sulfate de chaux n'exerce sur l'oxygène aucune action qui nous soit connue dans l'état actuel de la science.

Une autre opinion récemment émise mérite d'être examinée, parce qu'on l'a fait reposer sur une série d'expériences qui pourraient la rendre imposante. Dans cette opinion, le plâtre n'agirait comme amendement que lorsqu'il est réduit, par la calcination, à l'état de *sulfure de chaux*. L'action désoxygénante très énergique, qu'on connaît à cette dernière substance, pourrait servir à expliquer ses effets sur la végétation. L'auteur de ces expériences ayant répandu sur du trèfle du plâtre cru, du plâtre calciné et du *sulfure de chaux*, les uns et les autres réduits en poudre, annonce avoir observé que le plâtre calciné et le *sulfure de chaux* ont augmenté beaucoup la végétation des plantes, et ont développé, sous ce rapport, une action égale, tandis que le plâtre cru n'a produit aucun effet quelconque. Il en conclut que les effets du plâtre ou *sulfate de chaux*, employé comme amendement, sont dus uniquement à ce que, par le procédé de la calcination, il est réduit à l'état de *sulfure de chaux*. Il donne ensuite, dans cette hypothèse, l'explication des effets que le sulfure de chaux peut produire sur la végétation des plantes, par son affinité avec l'oxygène.

Toute cette théorie repose sur une base entièrement fausse : c'est la supposition que, par la calcination du *sulfate de chaux*, telle qu'elle s'exécute dans les fours des plâtriers, cette substance se trouve convertie en sulfure. Il est bien vrai que lorsque du sulfate de chaux, réduit en poudre, est calciné dans un creuset avec du charbon également pulvérisé, l'acide est décomposé, et la chaux se trouve réduite à l'état de sulfure ; mais il en est tout autrement dans la calcination ordinaire du plâtre. Il y a bien aussi alors une petite quantité de sulfate de chaux décomposé, on s'en aperçoit à l'odeur d'hydrogène sulfuré qui se développe lorsqu'on détrempe le plâtre calciné ; mais cette quantité est infiniment petite, et les personnes qui savent combien est vive l'odeur que dégage le sulfure de chaux lorsqu'on l'humecte ne douteront pas qu'il suffise qu'une dix-millième partie de la masse soit réduite à cet état, pour que l'odeur y soit aussi sensible qu'on l'observe lorsqu'on gâche du plâtre. Si le sulfure de chaux y existait en quantité notable, le plâtre ne serait plus propre aux usages auxquels on l'emploie dans les bâtimens, car cette substance se comporte avec l'eau d'une tout autre manière que le sulfate de chaux privé d'eau par la calcination.

Il est très facile, au reste, d'expliquer le résultat qu'a obtenu l'auteur, sans qu'il soit nécessaire d'avoir recours à une hypothèse qui ne peut pas se soutenir : le *sulfure de chaux* a dû produire sur la végétation les mêmes effets que le sulfate, parce qu'on sait que ce sulfure, exposé à l'air, se convertit rapidement en sulfate. Il est probable même que, lorsqu'on le répand sur des plantes humectées par la rosée, l'eau qu'elle rencontre sur la surface des feuilles est assez oxygénée pour opérer instantanément cette transmutation ; en sorte qu'après avoir répandu sur les feuilles une petite quantité de sulfure de chaux, il n'y existe, au bout de quelques minutes, et peut-être au bout de quelques secondes, que du sulfate de chaux ; mais lorsqu'on répand du plâtre calciné sur une prairie artificielle, c'est bien du sulfate de chaux qu'on y met, et non du sulfure.

Quant à l'observation de l'auteur de ces expériences, qui n'a remarqué aucun effet sensible produit sur la végétation par le plâtre non calciné, c'est un fait qui est inexplicable pour ceux qui savent que c'est dans cet état qu'on l'emploie dans le plus grand nombre des cantons où on fait usage du plâtre comme engrais, et en particulier dans toute l'Amérique du nord, où cette pratique est beaucoup plus généralisée qu'en Europe. Mais en admettant la justesse de cette observation, il faudrait chercher ailleurs la cause de ce fait, et il serait impossible d'en rien conclure, en faveur de la théorie énoncée par l'auteur.

M. *Davy* pense que le sulfate de chaux est un élément nécessaire de la composition de certaines plantes, et que c'est en leur fournissant cette substance, lorsqu'elle manque dans le sol, qu'on favorise leur végétation. Les preuves sur lesquelles il a appuyé cette opinion ne paraissent pas décisives ; d'ailleurs elle est rendue très peu probable par le fait généralement observé par tous ceux qui ont employé le plâtre comme engrais, qu'il ne produit d'action qu'autant qu'il est répandu sur la surface des feuilles, qu'il est retenu par l'humidité qu'il y rencontre, et qu'il n'y produit, au contraire, aucun effet, lorsqu'il est répandu immédiatement sur le sol, ou mélangé avec lui, pendant le cours de la végétation des plantes. Si le *sulfate de chaux* est un élément nécessaire pour la nutrition du trèfle, c'est sans doute par les suçoirs des racines qu'il s'introduit dans les organes de la plante ; mais, alors, comment se fait-il que cette substance, mélangée dans le sol, ne serait pas absorbée aussi facilement que lorsqu'elle est répandue à la surface des feuilles ?

Il paraît cependant résulter, d'expériences faites en divers lieux, que le plâtre produit aussi des effets très énergiques, lorsqu'il est répandu sur le sol avant la semaille des trèfles et autres plantes du même genre, ou en même temps que la semence. Ce fait n'est pas aussi contradictoire qu'on pourrait le penser avec celui dont nous venons de parler : en effet, dans cette circonstance, les cotylédons de la plante, organe très analogue aux feuilles, se trouvent, au moment de la germination, en contact avec le plâtre ou l'eau qui le tient en dissolution. Ce fait ne prouve donc pas du tout que le sulfate de chaux ait besoin, pour produire son effet, d'être absorbé par les racines des plantes, et ne contredit pas celui qui semble résulter de l'expérience ; savoir, que c'est à la surface des feuilles que le plâtre produit son action fertilisante.

Quelques autres opinions ont encore été émises pour expliquer l'action fertilisante du plâtre ; aucune ne semble s'accorder avec tous les faits observés. Celle qui paraît jusqu'ici la plus probable, quoiqu'elle ait encore besoin de nouvelles expériences pour l'établir solidement, c'est que le sulfate de chaux agit ici d'une manière analogue à l'action qu'exercent les stimulans dans l'économie animale ; c'est à dire que, sans fournir à la plante un aliment proprement dit, elle exerce sur ses organes une action qui les dispose à s'approprier une plus grande quantité de substances nutritives, soit dans le sol, soit dans l'atmosphère.

Les expériences que la Société avait demandées aux concurrens, quoique dirigées vers un but purement pratique, pourront servir aussi à la solution de la question de théorie ; les observations de ce genre doivent entrer dans la série de faits que devra prendre en considération l'homme qui voudra s'occuper de ces phénomènes, sous le rapport de la science. Nous nous contenterons ici d'indiquer les résultats qu'on peut en déduire dans la pratique, sous le rapport de la préférence qu'on doit donner au plâtre cru, mi-cuit ou cuit, ou aux plâtras.

Dans les expériences de M. *Fabert*, les plâtras ont eu l'avantage sur toutes les autres espèces de plâtre ; après lui est venu le plâtre d'engrais, ou mi-cuit, ensuite le plâtre cru, et enfin le plâtre cuit, qui a procuré la récolte la moins abondante de toutes.

Dans les expériences de M. *Colson*, c'est le plâtre cru qui a produit la récolte la plus abondante ; ensuite le plâtre cuit, qui ne lui

a cédé le pas que d'une très petite quantité, puisque la partie du
terrain qui avait reçu le premier ayant produit 1113 kilogrammes
de fourrage sec, celle qui avait été amendée avec du plâtre cuit a
produit 1092 kilogrammes ; ici, les plâtras se sont montrés inférieurs en action, puisque la partie du terrain qui les avait reçus n'a
produit que 892 kilogrammes de fourrage ; celle qui n'avait pas été
plâtrée n'a produit que 661 kilogrammes, un peu plus de moitié
de la partie amendée en plâtre cru, qui a été, de toutes, la plus
productive.

On voit que les résultats de ces deux expériences, sous le point
de vue qui nous occupe, sont entièrement contradictoires. Cette
discordance même semble prouver que, dans chacune d'elles, les
différences qui ont été observées sont dues à quelque autre cause
que la nature des amendemens qui ont été essayés comparativement.
Parmi ces causes, il en est une qui peut bien facilement avoir influé sur les résultats ; c'est la pulvérisation plus ou moins parfaite
de chacune des espèces de plâtre. On sait que cette circonstance in-
flue considérablement sur les effets produits par le plâtre employé
comme engrais : celui qui est le plus finement pulvérisé développe
toujours beaucoup plus d'action, probablement parce qu'il adhère
plus facilement sur les feuilles des plantes. Les plâtres cuits ou mi-
cuits qui ont été employés par les concurrens ont été pris probablement dans les plâtreries du pays, où on les prépare en grande quantité ; mais ils ont dû être forcés de faire pulvériser eux-mêmes les
plâtras et les plâtres crus, qui ne se vendent pas habituellement
pour cet usage. Il suffirait que chez l'un des deux l'une ou l'autre de
ces substances eût été réduite en poudre plus fine que les plâtres du
commerce, tandis que chez l'autre elle eût été réduite en poudre
plus grossière, pour que, chez l'un, l'une des deux se soit montrée le
plus énergique de tous les amendemens, et chez l'autre le plus
faible de tous.

Sans affirmer (ce qui nous paraît cependant fort probable) que
c'est bien là la cause de cette différence, cette observation doit
prouver combien peu on doit s'en rapporter à une expérience unique
dans les recherches de cette nature. Il est possible que ce soit sur
une seule expérience de ce genre que s'est formée l'opinion généralement admise dans tel pays, que le plâtre a absolument besoin
d'être calciné pour produire tout son effet comme amendement ;
tandis que, sur la foi d'une autre expérience, tous les cultivateurs
sont bien convaincus, ailleurs, que la calcination fait perdre au
plâtre la plus grande partie de ses propriétés fertilisantes.

Nous remarquerons, de plus, que, dans les expériences de l'un des concurrens (M. *Fabert*), le sol sur lequel elles ont été faites ne paraît pas très propre à donner des résultats décisifs sur cette question. Cela ne diminue en rien le mérite de l'expérience, sous le rapport des éloges qu'on doit à ce concurrent, pour les soins qu'il y a donnés ; mais chacun sait que, pour des causes qui ne nous sont pas encore connues, le plâtre développe, sur certains sols, des effets bien plus sensibles que sur d'autres, et qu'il y a même des terrains sur lesquels il ne produit aucun effet, sans qu'il soit possible de le prévoir d'avance par l'examen du sol. Il est bien certain que c'est surtout dans les sols où il produit les effets les plus marqués qu'on peut tirer des conséquences précises d'expériences de la nature de celles-ci, parce que, là, les résultats, bien plus prononcés, sont bien plus à l'abri de l'influence d'autres circonstances, et surtout des effets de la différence de fertilité entre les diverses parties du même champ, source d'erreurs dont on ne peut jamais être à l'abri, parce qu'il n'existe peut-être pas un champ de quelque étendue dont toutes les parties soient rigoureusement de même nature et du même degré de fertilité. On remarque, dans les expériences de M. *Fabert*, que la différence du produit entre la partie du champ qui a été amendée avec des plâtras, la plus productive de toutes, et la partie qui n'a reçu aucun amendement, a été seulement d'environ un quart de la récolte. La différence entre les produits de la partie amendée en plâtras, et ceux de la partie amendée en plâtre cuit, la moins productive de toutes celles qui ont reçu des amendemens n'a été que d'un sixième environ. Chacun sait que, dans les sols les plus favorables à l'emploi du plâtre, cet amendement produit des effets bien autrement considérables : souvent il double ou triple la récolte ; quelquefois il l'augmente dans une proportion encore beaucoup plus forte.

Chez M. *Colson*, le terrain paraissait plus propre à l'emploi du plâtre, car la partie amendée en plâtre cru n'a produit guère moins du double de la partie non plâtrée.

Dans les expériences de M. *de Valcourt*, les produits des diverses parties du terrain n'ont pas été pesés ; cela aurait été assez difficile sur une étendue de 26 jours (1), et le programme de la Société n'en faisait pas une loi aux concurrens. Cette précaution n'est pas, en effet, indispensablement nécessaire dans une expérience de cette nature, parce que, dans un sol où le plâtre développe des effets très sensibles, l'œil le moins exercé peut facilement distinguer les

_____

(1) 1 jour = 20 ares.

différences à la hauteur des plantes, à leur épaisseur et à la couleur de leurs feuilles. MM. les commissaires nommés par la Société, ainsi que M. *de Valcourt*, dont on connaît le jugement et l'esprit d'observation, ont donné, sur ces divers points, des indications qui méritent toute confiance.

Dans une pièce de 10 jours, sol argileux et caillouteux, ensemencée en trèfle, les parties qui n'avaient pas reçu d'amendement offraient, le 3 mai, au rapport de MM. les commissaires, des plantes maigres, jaunes et si peu élevées, qu'à peine la faux aurait pu atteindre les sommités des feuilles et des fleurs ; tandis que, dans les parties plâtrées, les plantes étaient épaisses, d'un vert très foncé, et d'une hauteur uniforme de 20 à 24 pouces. MM. les commissaires ont estimé que le produit des deux divisions non plâtrées ne devait pas s'élever au vingtième de celui des divisions plâtrées. Du reste, en examinant attentivement les divisions qui avaient reçu du plâtre cru, du plâtre cuit, du plâtre mi-cuit, du plâtras, du plâtras recuit, ils n'ont pu apercevoir la plus légère différence entre ces divisions pour la hauteur des plantes et la vigueur de la végétation.

Dans une autre pièce de 4 jours, d'un sol beaucoup meilleur que la précédente, et également couverte de trèfle, MM. les commissaires ont remarqué la même uniformité de vigueur de végétation dans toutes les divisions qui avaient reçu les mêmes espèces d'amendement que la première ; partout, la hauteur commune du trèfle était de 24 à 30 pouces, il était extrêmement serré et d'un vert foncé. Ils ont cru cependant remarquer une très légère différence en faveur d'une division de cette pièce, qui avait reçu de l'*urate,* c'est à dire du plâtre cru détrempé d'urine ; quant à la division qui n'avait reçu aucun amendement, la végétation y était pauvre, les plantes d'un vert jaune, et ne promettant pas une récolte d'un dixième des autres parties.

Une pièce de 8 jours, ensemencée en sainfoin, leur a fourni des observations analogues : toutes les divisions qui avaient été amendées avec du plâtre de diverses espèces présentaient des plantes uniformément fortes, vigoureuses et élevées, et ils ont estimé que la division non plâtrée ne produirait pas moitié des autres.

Dans une pièce de 3 jours, ensemencée en luzerne, M. *de Valcourt,* pour rendre les effets du plâtre plus sensibles, avait laissé à côté de chacune des divisions plâtrées une division sans aucun amendement. MM. les commissaires ont trouvé toutes les divisions plâtrées, quelle que fût la nature du plâtre qu'elles avaient reçu, également belles, offrant une végétation forte, des plantes d'un vert foncé, et qui s'élevaient uniformément à 30 pouces ; tandis que , dans les six divisions non plâtrées, les plantes présentaient une végétation ordinaire, étaient d'un vert jaunâtre, et ne promettaient qu'une récolte médiocre.

Une autre pièce, également ensemencée en luzerne, a donné lieu à des observations semblables.

Tout ceci avait été observé le 3 mai. Le 5 août suivant, MM. les commissaires se rendirent de nouveau dans l'exploitation de M. *de Valcourt*, et dans la visite détaillée qu'ils ont faite des mêmes pièces de terre, ils ont toujours observé la même uniformité de vigueur de végétation entre les divisions qui avaient été amendées avec les diverses qualités de plâtre, et les mêmes différences avec les parties non plâtrées ; dans ces dernières, les trèfles ne promettaient pas de seconde coupe.

Nous remarquerons ici que c'était la seconde année que M. *de Valcourt* se livrait à des expériences semblables : dans l'année précédente (1820), il les avait faites sur une pièce de trèfle de 9 jours et demi, dans laquelle une division n'avait rien reçu ; la 2e avait reçu du plâtre cru, la 3e du plâtre cuit, et la 4e du plâtras. Dans d'autres divisions, il avait essayé des cendres lessivées, soit seules, soit mélangées avec du plâtre cru ou cuit, expériences dont nous ne nous occuperons pas. Cette pièce de terre était ensemencée en blé au moment des visites de MM. les commissaires, et ils ont apporté une attention particulière à l'examiner dans tous ses détails, afin de connaître les effets de chacune des espèces de plâtre qui avaient été employées sur la récolte de blé qui suit celle du trèfle. Ils ont remarqué que, sur les parties qui avaient été plâtrées, le blé était bien supérieur à celui des parties qui n'avaient pas reçu d'amendement, ou qui avaient été amendées avec des cendres ; mais ils n'ont pu remarquer aucune différence entre les parties où le trèfle avait reçu diverses espèces de plâtre.

Le mémoire dans lequel toutes ces expériences sont consignées a été rédigé par M. *Bouchon*, secrétaire de la Société de TOUL, l'un des commissaires. C'est assez dire qu'il ne laisse rien à désirer, ni sous le rapport des soins apportés aux observations, ni sous celui de la clarté avec laquelle il en est rendu compte.

On voit que, d'après le résultat des expériences de M. *de Valcourt*, il serait indifférent d'employer le plâtre, soit cru, soit cuit ou mi-cuit, soit à l'état de plâtras. Ce résultat est entièrement conforme à l'opinion qu'on pouvait se former d'après la connaissance de la nature même de ces diverses substances. En effet, on sait que la calcination ne fait qu'enlever au plâtre son eau de cristallisation , qui se trouve restituée dans les plâtras; ainsi le plâtre cru, de même que les plâtras, ne sont que du sulfate de chaux, plus l'eau de cristallisation ; le plâtre calciné est le sulfate de chaux privé de cette eau de cristallisation ; dans le plâtre mi-cuit, ou plâtre d'engrais, une partie seulement de cette eau a été enlevée par la calcination; mais, dans l'emploi de ces deux dernières espèces comme amendement, l'eau qu'elles avaient perdue leur est restituée presque toujours au moment où le plâtre en poudre tombe sur le sol ou sur la surface humectée des feuilles. Il est donc impossible d'apercevoir aucune cause pour laquelle une de ces espèces agirait autrement qu'une autre. Si l'expérience démontrait quelques différences à cet égard, il est très probable qu'il faudrait la chercher dans quelques circonstances accessoires : par exemple, dans la pulvérisation plus parfaite du plâtre cuit, parce qu'étant beaucoup plus tendre, il est plus facile de le réduire en poudre. On doit remarquer aussi que la calcination complète du plâtre, lui enlevant une quantité d'eau qui équivaut au cinquième de son poids, il faudrait une quantité moindre de cette espèce que des autres, pour produire les mêmes effets, si on déterminait au poids la quantité qu'on emploie; mais on le fait ordinairement à la mesure, et nous ne connaissons pas d'expériences qui fassent connaître le poids relatif d'une mesure donnée de chacune de ces espèces de plâtre, réduite en poudre également fine.

Quoi qu'il en soit, les expériences de M. *de Valcourt* ne laissent guère de doute sur l'égalité d'action produite par ces diverses espèces de plâtre. Ce résultat est conforme à l'opinion de M. *Thaër*, le seul de toutes les personnes qui ont écrit sur l'action du plâtre comme engrais, qui ait avancé qu'il est à peu près indifférent d'employer le plâtre cru ou cuit; et nous pouvons même dire que cette opinion est confirmée par les expériences des deux autres concurrens, quoiqu'ils aient obtenu des résultats très différens : en effet, chez l'un d'eux, le plâtre calciné s'est montré le plus énergique, et chez l'autre, c'est au contraire le plâtras qui, par sa nature, ne diffère en rien du plâtre cru. On jugera facilement que, si l'une de ces deux espèces avait une supériorité réelle sur l'autre, il ne serait guère possible que les circonstances accessoires, qui ont évidemment influé sur leurs effets, eussent donné lieu à des résultats si diamétralement opposés.

La connaissance de cette égalité des effets produits par le plâtre cuit ou cru est une chose importante pour les cultivateurs, car ils peuvent se procurer le plâtre cru à beaucoup meilleur marché que le plâtre cuit. Il est vrai que, dans cet état, il est plus difficile de le pulvériser ; mais il y a bien peu de circonstances dans lesquelles cette facilité puisse compenser la dépense du combustible. On a annoncé qu'on pouvait diminuer beaucoup cette difficulté en laissant tremper quelque temps à l'avance les pierres à plâtre dans l'eau : cela doit, en effet, contribuer à attendrir surtout certaines variétés poreuses de pierre à plâtre.

CONCLUSION.

Votre commission a pensé unanimement, messieurs, que le prix proposé par la Société devait être décerné à M. *de Valcourt*, tant à cause de l'étendue qu'il a donnée à ses expériences, qu'à cause de la variété des récoltes qu'il y a soumises. Elle a pensé également que MM. *Fabert* et *Colson* avaient mérité des mentions honorables pour les soins qu'ils ont mis à leurs expériences, et elle a l'honneur de vous proposer de les leur décerner.

Cette conclusion a été adoptée par la Société dans sa séance du 2 mars 1821.

OUVRAGES

QUI SE TROUVENT DANS LA MÊME LIBRAIRIE.